禮儀師的黑色幽默日常

三悅文化

序

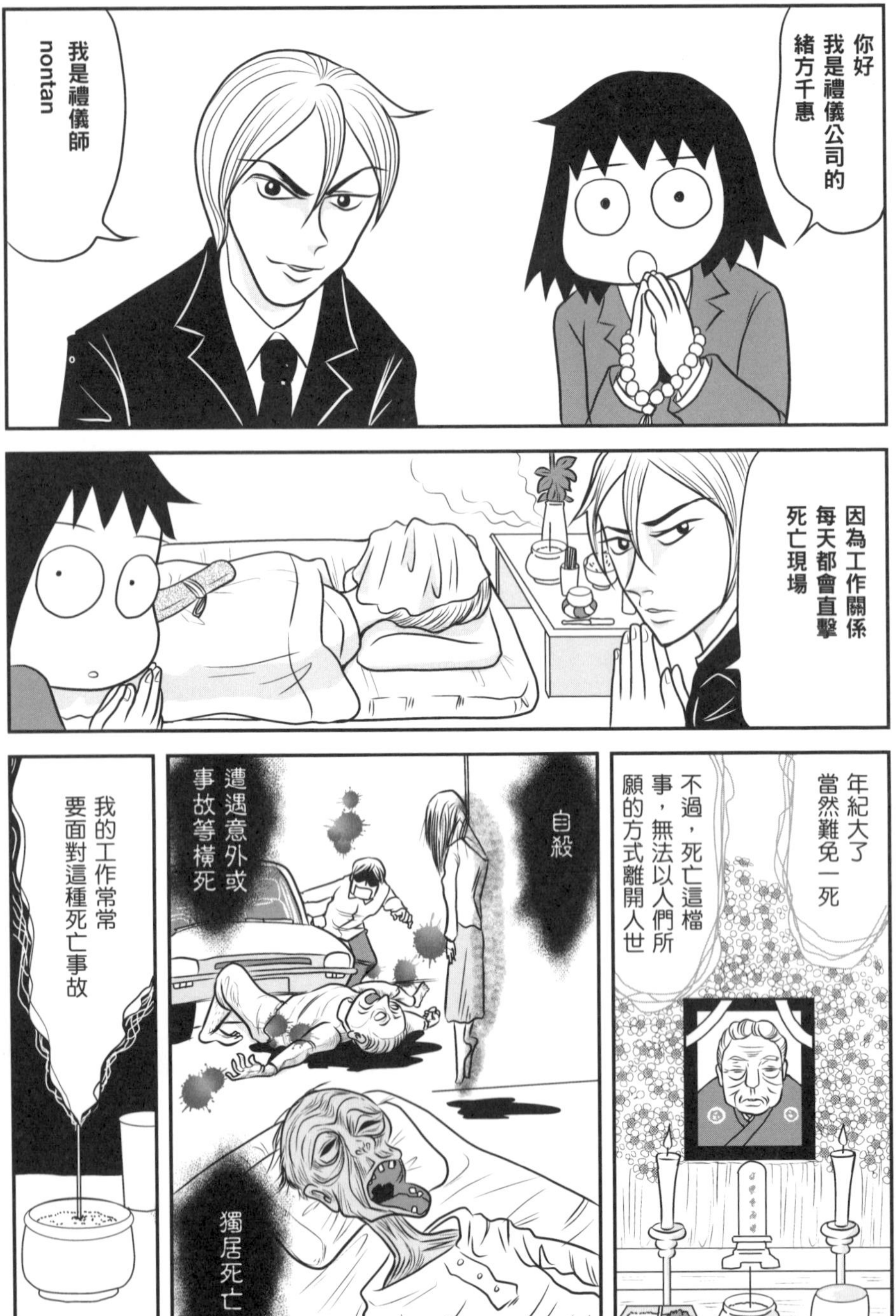
你好
我是禮儀公司的
緒方千惠
我是禮儀師
nontan
因為工作關係
每天都會直擊
死亡現場
年紀大了
當然難免一死
不過，死亡這檔
事，無法以人們所
願的方式離開人世
自殺
遭遇意外或
事故等橫死
獨居死亡
我的工作常常
要面對這種死亡事故

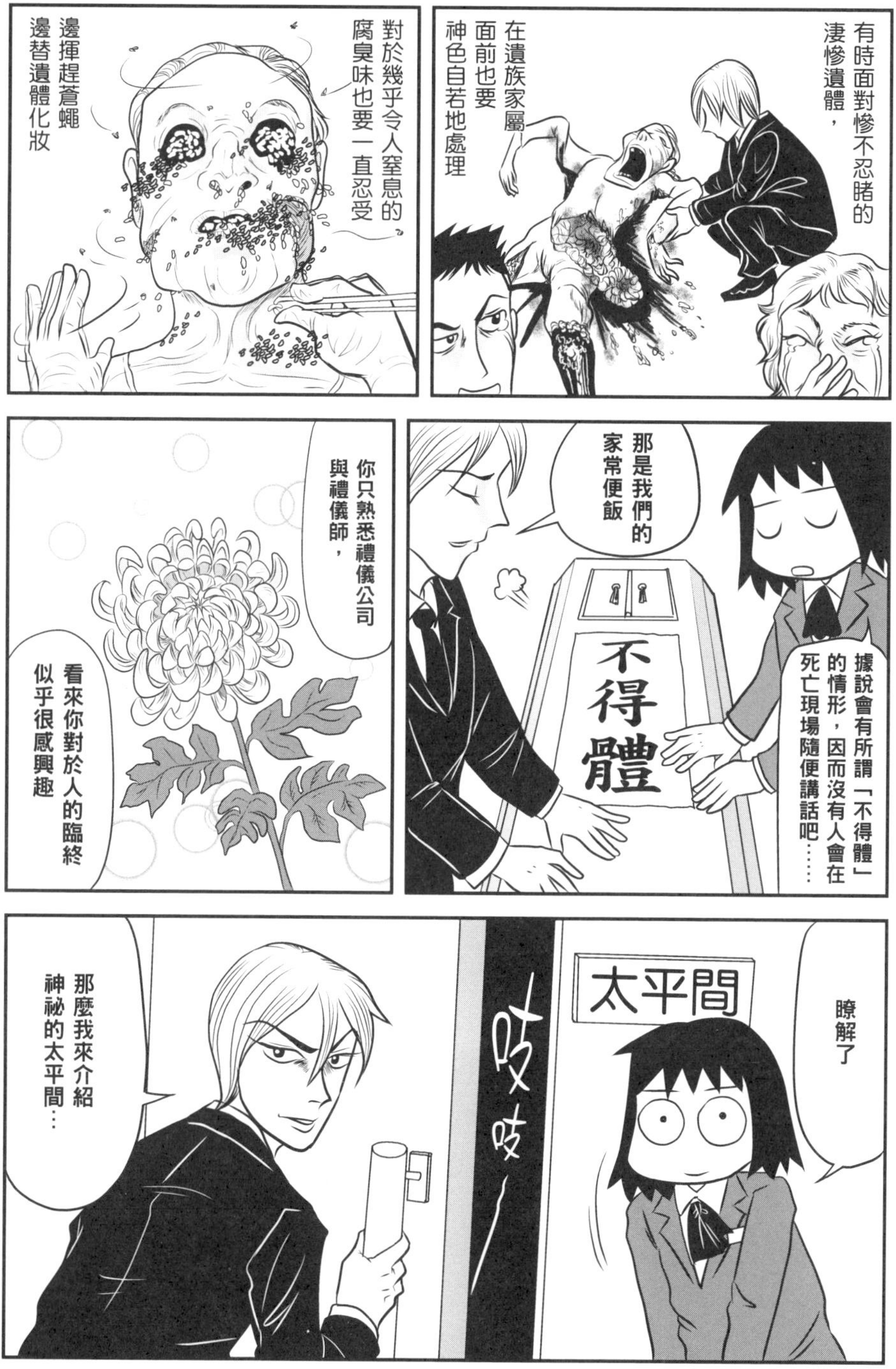
有時面對慘不忍睹的淒慘遺體，
在遺族家屬面前也要神色自若地處理
對於幾乎令人窒息的腐臭味也要一直忍受
邊揮趕蒼蠅邊替遺體化妝
那是我們的家常便飯
不得體
據說會有所謂「不得體」的情形，因而沒有人會在死亡現場隨便講話吧……
你只熟悉禮儀公司與禮儀師，
看來你對於人的臨終似乎很感興趣
瞭解了
太平間
吱吱—
那麼我來介紹神祕的太平間……

目錄

第1章

禮儀公司與禮儀師如是說【之一】

各種使用方式

日前和同事一起烤肉
真好ー
喂，這和人肉一樣啊！
哈哈哈……
處理的器官也拿來烤嗎?!
這就是我們這一行特有的八卦，氣氛還很嗨
不過，這圓筒型燒烤炭爐和木炭還是自殺者用的
啾～
遺物…
從遺族家屬接收來的……
因為大家都很嗨，也就默不作聲了
山田先生的內臟下去烤!!
請正確使用燒烤炭爐！
哇哈哈

新的傳說!?

弁慶為保護主人，自己當盾牌受箭身亡仍然直挺挺地站著
噢噢噢噢噢
弁慶站著往生（比喻進退維谷）
若不是有非凡的精神力量支撐是做不到的
啊！是禮儀師，這邊、這邊請！
這個傳說是
不可能！
我親眼目睹的！
在房間站著往生的老婆婆！
正是人生的完全燃燒！
（比喻對某事物盡心盡力）

本日的菜色

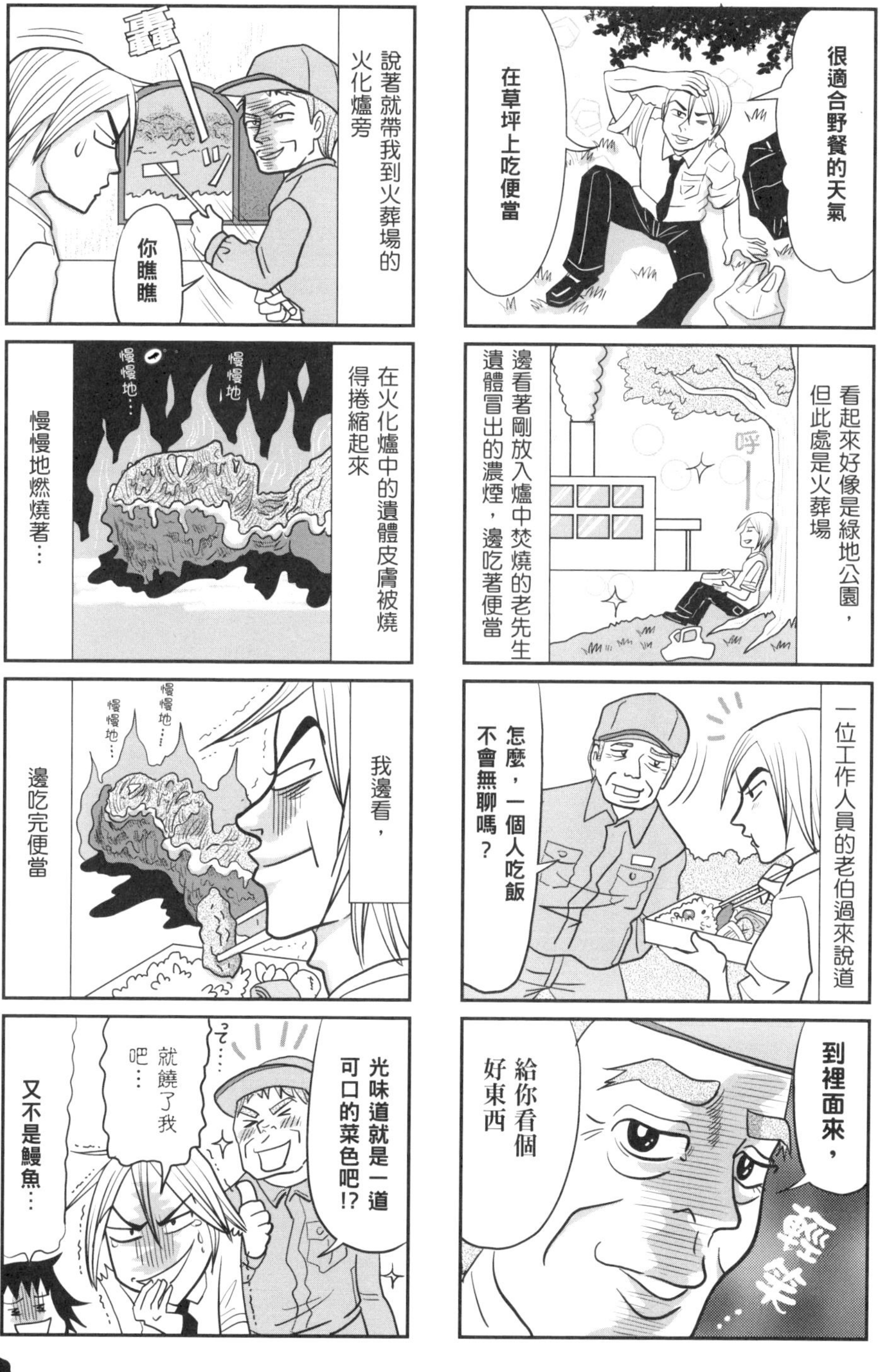

很適合野餐的天氣
在草坪上吃便當
看起來好像是綠地公園，但此處是火葬場
呼—
邊看著剛放入爐中焚燒的老先生遺體冒出的濃煙，邊吃著便當
一位工作人員的老伯過來說道
怎麼，一個人吃飯不會無聊嗎？
到裡面來，
給你看個好東西
說著就帶我到火化爐旁
你瞧瞧
在火化爐中的遺體皮膚被燒得捲縮起來
慢慢地
慢慢地…
慢慢地燃燒著…
我邊看，
慢慢地…
慢慢地…
邊吃完便當
光味道就是一道可口的菜色吧!?
就饒了我吧…
又不是鰻魚…

超高層建築物①

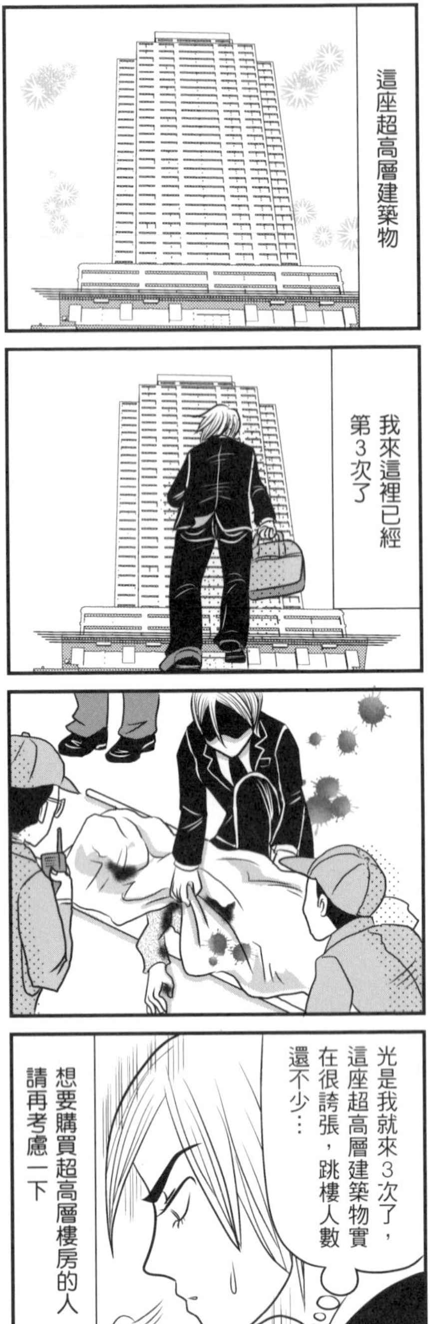
這座超高層建築物
我來這裡已經第3次了
光是我就來3次了，這座超高層建築物實在很誇張，跳樓人數還不少…
想要購買超高層樓房的人請再考慮一下

超高層建築物②

前往另一件跳樓現場領屍時
人聲嘈雜……
將頭翻轉過來
面目全非
高樓的牆壁上滿是肉片
頭髮……
…耳朵……
這真的是「隔牆有耳」啊…
刑警的黑色幽默…
不過，就算沒到這種地步，也是令人難以忍受的工作…

本日也正在腐爛UP中…

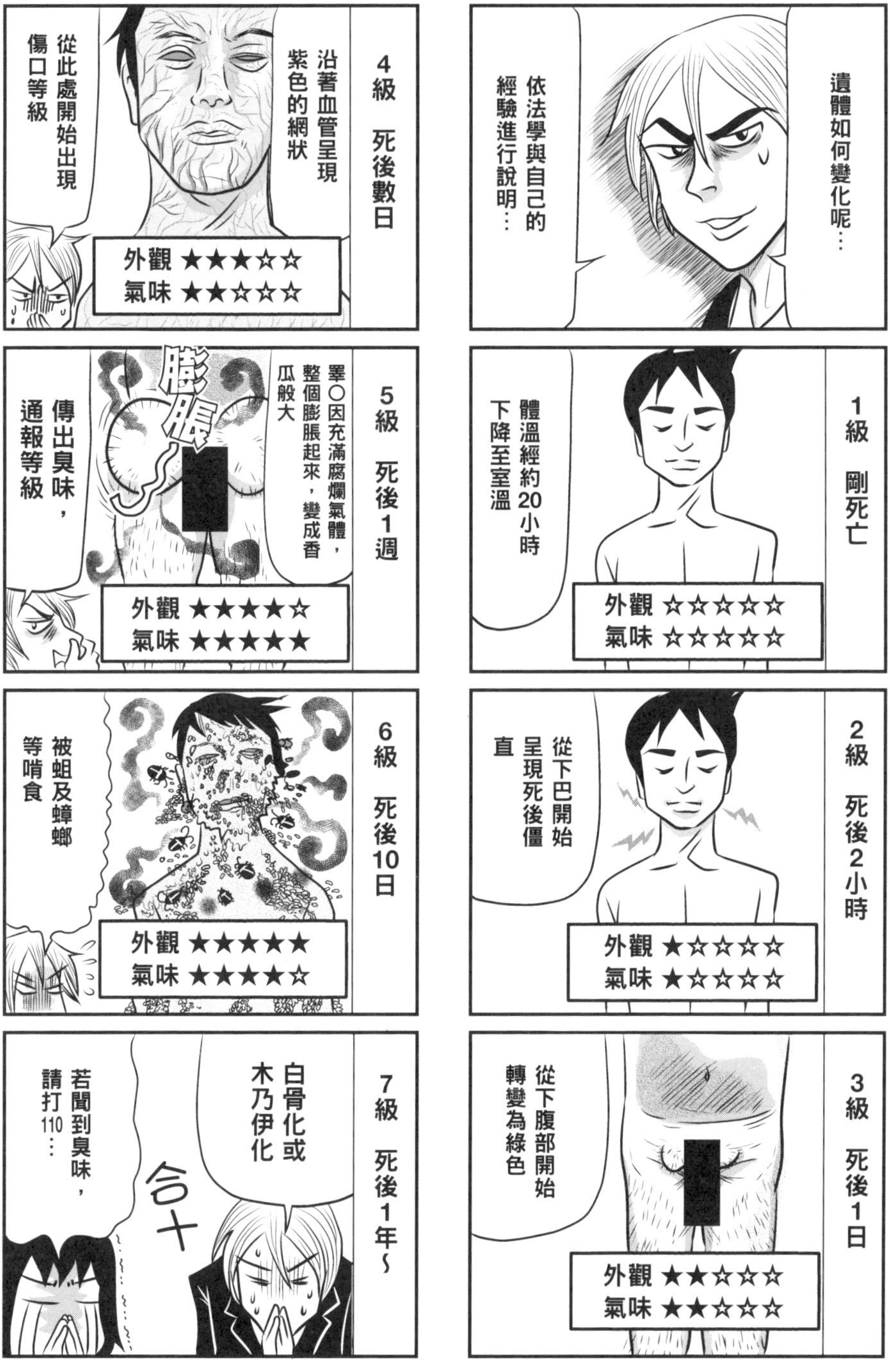
遺體如何變化呢…
依法學與自己的經驗進行說明…
1級 剛死亡
體溫經約20小時下降至室溫
外觀 ☆☆☆☆☆
氣味 ☆☆☆☆☆
2級 死後2小時
從下巴開始呈現死後僵直
外觀 ★☆☆☆☆
氣味 ★☆☆☆☆
3級 死後1日
從下腹部開始轉變為綠色
外觀 ★★☆☆☆
氣味 ★★☆☆☆
4級 死後數日
沿著血管呈現紫色的網狀
從此處開始出現傷口等級
外觀 ★★★☆☆
氣味 ★★☆☆☆
5級 死後1週
睪〇因充滿腐爛氣體，整個膨脹起來，變成香瓜般大
膨脹
傳出臭味，通報等級
外觀 ★★★★☆
氣味 ★★★★★
6級 死後10日
被蛆及蟑螂等啃食
外觀 ★★★★★
氣味 ★★★★☆
7級 死後1年～
白骨化或木乃伊化
合十
若聞到臭味，請打110…

T的悲劇

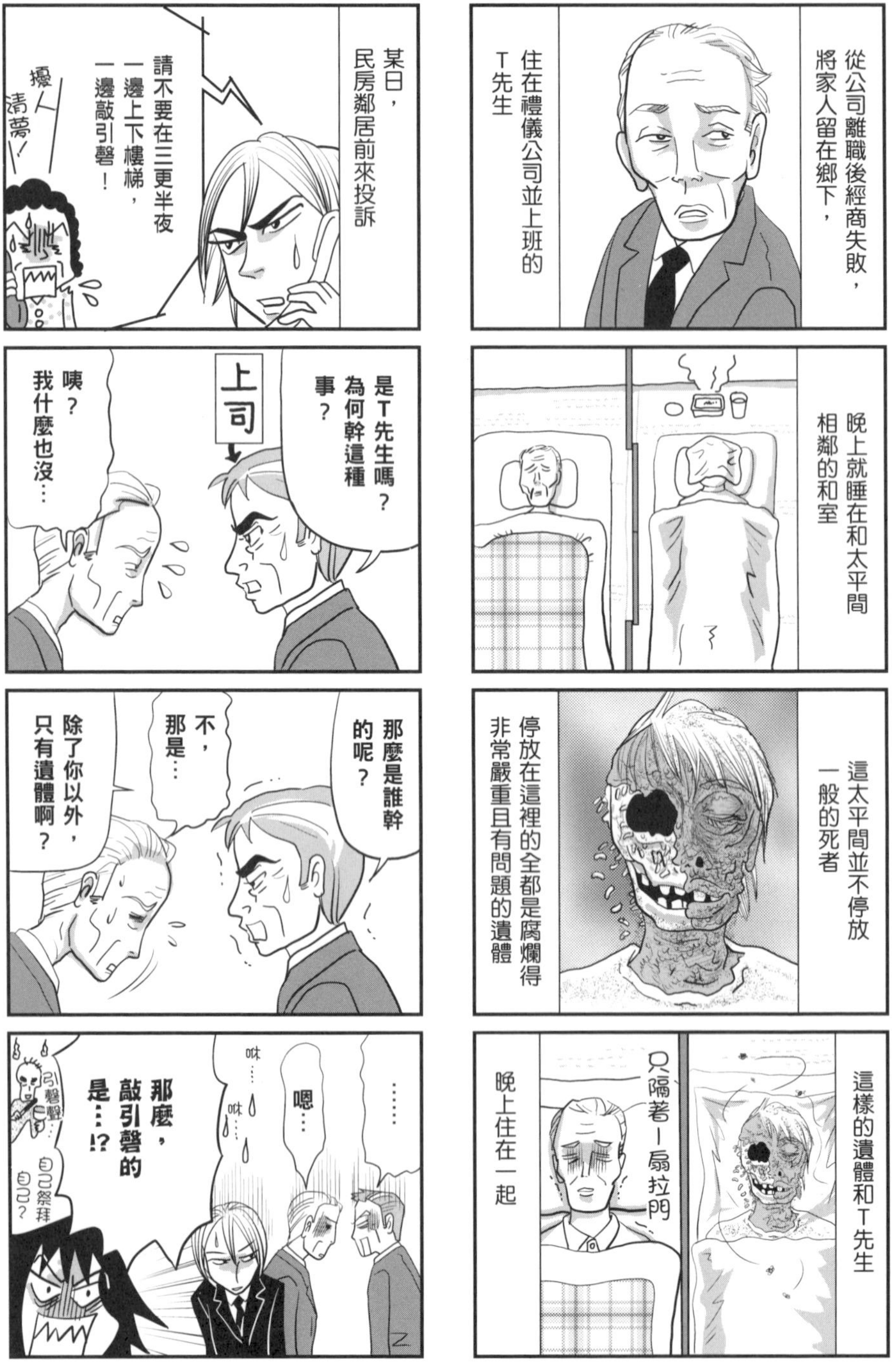

從公司離職後經商失敗，將家人留在鄉下，
住在禮儀公司並上班的T先生
晚上就睡在和太平間相鄰的和室
這太平間並不停放一般的死者
停放在這裡的全都是腐爛得非常嚴重且有問題的遺體
這樣的遺體和T先生
只隔著一扇拉門
晚上住在一起
某日，民房鄰居前來投訴
請不要在三更半夜一邊上下樓梯，一邊敲引磬！
擾人清夢！
上司
是T先生嗎？為何幹這種事？
咦？我什麼也沒…
那麼是誰幹的呢？
不，那是…
除了你以外，只有遺體啊？
……
嗯…
咻…咻…
那麼，敲引磬的是…!?
引磬聲…
自己祭拜自己？

一半＆一半

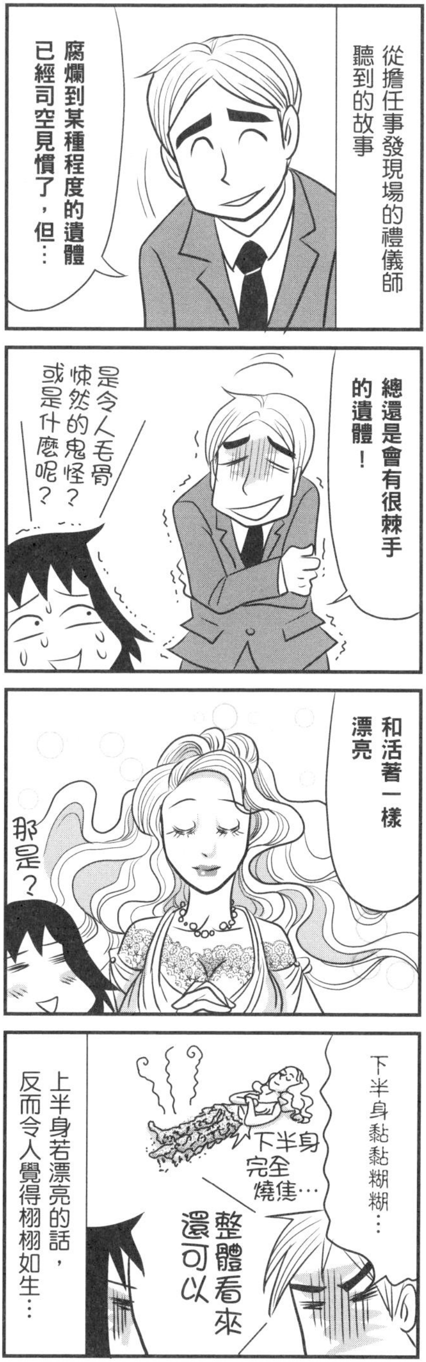

從擔任事發現場的禮儀師聽到的故事
腐爛到某種程度的遺體已經司空見慣了，但…
總還是會有很棘手的遺體！
是令人毛骨悚然的鬼怪？或是什麼呢？
和活著一樣漂亮
那是？
下半身黏黏糊糊…
下半身完全燒焦…
上半身若漂亮的話，反而令人覺得栩栩如生…
整體看來還可以

大量的白芝麻

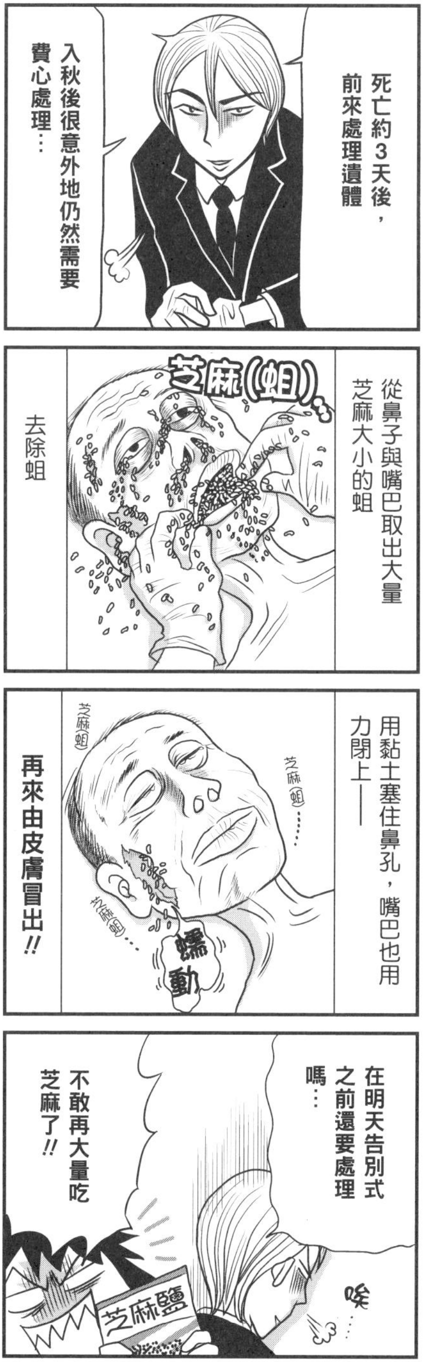

死亡約3天後，前來處理遺體
入秋後很意外地仍然需要費心處理…
從鼻子與嘴巴取出大量芝麻大小的蛆
芝麻(蛆)…
去除蛆
用黏土塞住鼻孔，嘴巴也用力閉上──
芝麻(蛆)
芝麻(蛆)……
芝麻(蛆)…
蠕動
再來由皮膚冒出!!
在明天告別式之前還要處理嗎…
不敢再大量吃芝麻了!!
芝麻鹽
唉…

往天堂前的地獄

三更半夜接到醫院委託領屍的通知
滿臉疲憊、面無表情的護理師一直催促著
走在飄散著糞尿與消毒水氣味的醫院中
濃濃的…
響徹走廊
悲痛的聲音──！
媽啊~
媽啊~
媽啊~
媽啊~
媽啊
※這裡是現代的姥捨山
看護醫院
進到裡面，最後
沒人能活著出來
……
一進入這裡，未來的命運很現實的就擺在眼前
媽啊
媽啊
焦慮不安…
不過，最後最親近的果然還是「母親」
不曾聽過有人喊爸爸
早死早超生…
我不想長壽…

※日本沖繩古代民間故事，將無法行走的老人家丟棄於深山的習俗。

當場縫合

我是禮儀公司的緒方。
禮儀公司是終極的顧客服務業!?需服務各式各樣的顧客…
參加喪禮的朋友異口同聲
哎呀，接好了…
不是全身
悄悄話…
日前，在我們公司的靈堂舉行了隨機殺人事件被害者的喪禮
祈求冥福…
遺體化妝師在後面替死者化妝
清洗血跡…
排列遺體，穿上壽衣，用棉布或瓦楞紙板補強
很認真修補!!
送來時是用塑膠袋裝著
沾著血跡的毛髮緊黏在這塑膠袋中……
我和這位遺體客人在太平間中1對1…

死因離奇

一早就有電話進來
到○○醫院領取遺體
瞭解！
預定在上班途中還片的CD，就這樣拿著趕赴現場
死者的姊姊
這是妹妹喜歡聽的歌曲，可以幫忙播放嗎？
沒問題
但CD片沒放進去
哎呀……
或許還放在家裡播放器內…
卡啦……
這時，我毛骨悚然……
就是這片預定今天要還片的CD…
我…手上有這片…
咦？
現實比漫畫還離奇!?

搞不清楚狀況！

接到警察的委託，前往領取上吊自盡的遺體
POLICE
刑警叫住死者的母親
是遺物
請將這個…
拿回去
上吊
所用的繩索…！
不不不
這東西應該悄悄地處理掉!!
呱
這種冥界的紀念品不要也罷

請吃過飯後再閱讀！

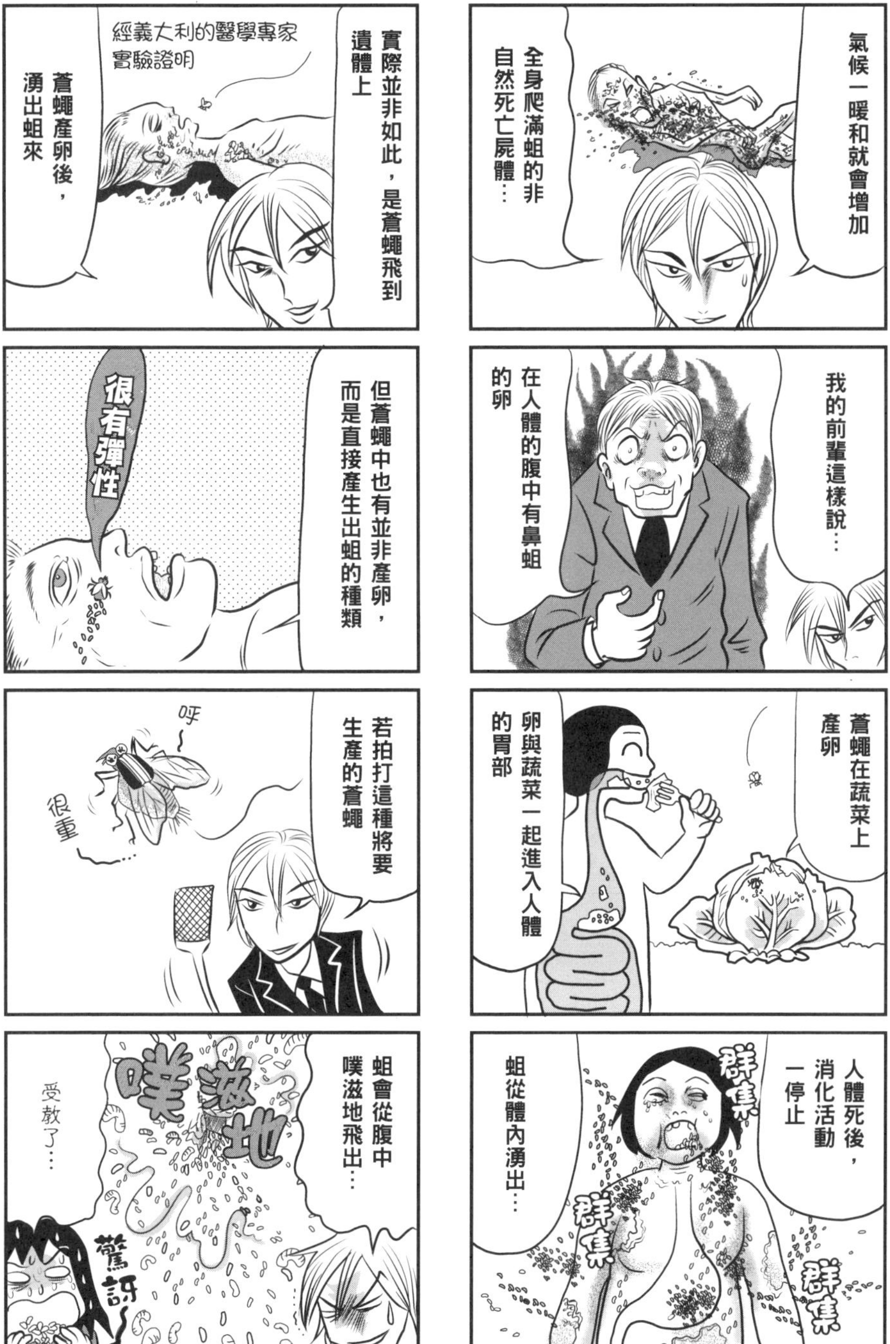
氣候一暖和就會增加
全身爬滿蛆的非自然死亡屍體…
我的前輩這樣說…
在人體的腹中有鼻蛆的卵
蒼蠅在蔬菜上產卵
卵與蔬菜一起進入人體的胃部
人體死後，消化活動一停止
蛆從體內湧出…
群集
群集
群集
實際並非如此，是蒼蠅飛到遺體上
經義大利的醫學專家實驗證明
蒼蠅產卵後，湧出蛆來
但蒼蠅中也有並非產卵，而是直接產生出蛆的種類
很有彈性
若拍打這種將要生產的蒼蠅
呼~
很重~…
蛆會從腹中噗滋地飛出…
噗滋地
受教了…
驚訝

祕密的話

一到年終，禮儀公司常因需緊急領取遺體而異常忙碌
不過，正月不是就可休息一下嗎——
醫生…
正月打算去哪？
我要去夏威夷
嗯，這床的患者似乎可過年
但這一床…
年終
夏威夷
休假
微妙！
臨終…
會發生什麼事…只有醫生才知道
……嘴裡嘟囔著
夏威夷

溫馨

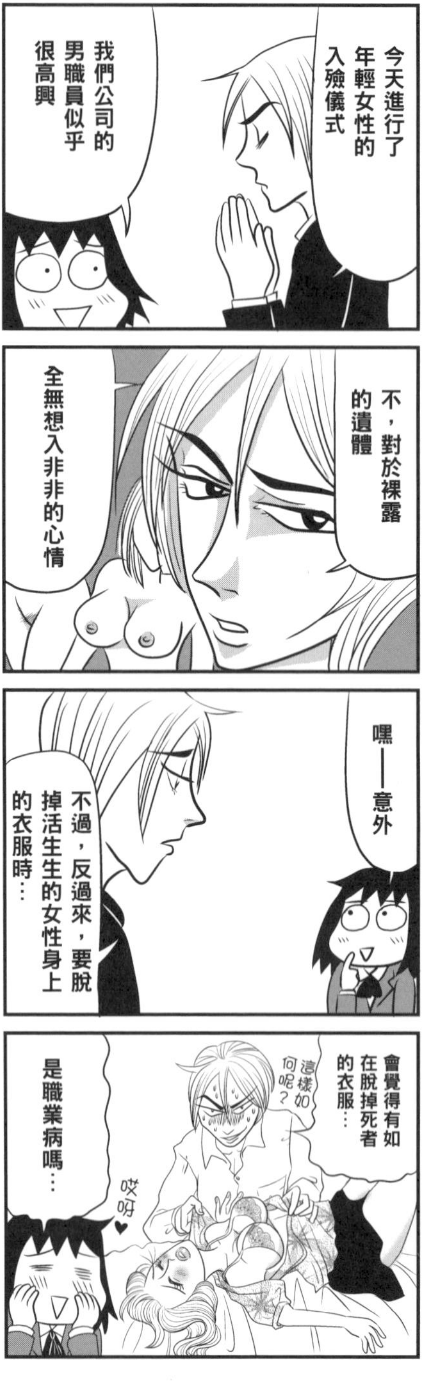
今天進行了年輕女性的入殮儀式
我們公司的男職員似乎很高興
不，對於裸露的遺體
全無想入非非的心情
嘿——意外
不過，反過來，要脫掉活生生的女性身上的衣服時…
會覺得有如在脫掉死者的衣服…
這樣如何呢？
是職業病嗎…
哎呀♥

走向死亡的身體

在死亡診斷書的死因這一欄，
分為書寫「死亡原因」的欄位
死亡診斷書
與填入「從發病至死亡期間」的欄位
死亡診斷書
以前在自己家裡臥床不起，身體日漸衰弱
大多填入「衰老」
現今在醫院亡故，大部分的診斷書中
幾乎都會填入病名與期間
肺炎 期間○週…
現在手上的這份診斷書
很罕見填寫「衰老」～
享壽100歲——
!?
從發病至死亡期間——
100年!?
診斷書
100年
也就是說，從呱呱落地後就開始慢慢走向死亡
這是極為理所當然的事情
生
稀奇……
死
某種意義上的單純診斷書
我也要好好使用自己這個走向死亡的身體
我也希望你要愛護身體～♡
呵呵呵

兩種神風

二戰時有駕駛飛機撞擊敵人的自殺式攻擊
稱為神風特攻隊
以前我曾負責替一位老先生入殮
他就是神風特攻隊的維修員
因為是維修員，不需出擊。戰爭結束後
利用所學到的技術開了一家工廠，還組成家庭
眾多子孫隨伺在側
爺爺爺爺
爸爸
結束了90歲的人生
哇啊啊
另一方面，日前入殮的老婆婆
送葬的人只有我1位外人…
老婆婆的先生是特攻隊飛行員
留給她滿是愛意的訣別書後，就走向不歸路
遺孀終生獨身
將先生的照片放在胸前，獨自1人走完90歲的人生
因為戰爭而被改變的命運
聽到終戰就想起這2人
咦!?
只知道和平的傻蛋
啊哈哈…
心跳加速!

Q 請說明「禮儀公司」與「禮儀師」的工作內容

A

首先，何謂喪葬儀式呢？一言以蔽之，就是「悼念某人死亡，與亡者告別的時間」。只有人類才會舉行喪葬儀式，其他動物則沒有這種行為。人類究竟從何時開始出現這種儀式而持續迄今呢？

現今出土的遺跡中，尼安德塔人（Neanderthalensis）被認為是最早出現埋葬亡者的人類。舊石器時代中期人類及直立人（Homo erectus，又稱猿人、直立原人）並無埋葬的遺跡。挖掘墓穴的尼安德塔人或許可說是「人類最初的禮儀公司」。時代再稍往下看，出現了如埃及的金字塔及日本的仁德天皇陵等以龐大陵墓厚葬權勢者的情形。

這些墳墓的規模大小不一，但都是以群體的方式完成。在日本的農村社會將這種團體稱為鄰保。農村除了公共事務之外，其他如喪葬儀式、結婚、成人禮、生育、水災、興建或修繕房屋、疾病、忌辰法會、火災、旅行——在農村的群體的生活中，鄰保在以上這10項事件上是不可或缺的組織。對於不遵守村落規則的人，團體僅提供「火災」與「葬儀」的協助，俗稱「村八分」就是出自此處。有關遺體、儀式及墳墓等，村落中有熟悉的人可安排處理，依據習俗就可順利完成喪葬儀式。這時還不需禮儀公司。不過，隨著都市化的發展，封建主義的鄰保功能也宣告結束。之後出現了現代這種禮儀公司的組織。對於遺體、儀式、墳墓等一無所知的遺族家屬，可毫不遲疑地提供告別的儀式，這就是我們的工作。

具體而言，禮儀公司的工作內容是什麼呢？禮儀公司的經營型態各式各樣，經營者從獨資至上市公司，但辦理每件喪葬儀式，在意義上都是相同的。包括禮儀師在內，禮儀公司的工作內容種類繁多。禮儀師的工作就是將遺體化妝得很整齊漂亮及入殮。也有只專門負責入殮工作的自由業禮儀師。我在小型禮儀公司工作，從諮詢到入殮、告別式場搭設及司儀等全由我一手包辦，但可說還是個半吊子。其他還有解剖處理、器官與切斷四肢及胎盤的處理、祭品等的管理；臥鋪車、靈車及巴士的駕駛；鮮花的採購、花朵的管理、保險商品的辦理；素食料理、法會懷石料理、外燴的廚房工作、墳墓與祭壇的販賣……在我們公司內，這些工作全部都會做，才會被認為是個能獨當一面的人。

禮儀公司被認為是３Ｋ（骯髒、臭味、情緒惡劣，日文發音皆為Ｋ開頭），其實這是錯誤的。除了骯髒、臭味、情緒惡劣外，還有低薪、不能回家、醜陋、苛刻、危險——粗略算一下就有８Ｋ。為何我還要繼續從事這項工作呢……。那是因其中有著可超過８Ｋ的樂趣。喪禮可說是集亡者一生之大成的儀式。既是個意義深遠、感人肺腑的日子，也是個家屬難以接受的結果、與他們一起同悲的日子。

下班回家後就反省現在的自己是多麼的幸福，可活在這個世界上是值得慶幸的——可令人感受到某些事情，所謂的禮儀公司就是從事這種工作。

搏命的禮儀師!?

我是禮儀公司的緒方。
我是禮儀師nontan。
我大致上也會採取自我防衛
眼鏡
戴手套
檢查死亡原因
死亡申報
穿白衣
若沒戴手套就接觸遺體真的很危險。
因可能會帶有傳染病
結核病
肝炎
AIDS
等…
其中也有全然不介意的禮儀師——
我不怕!
沒戴手套就清洗沾滿血跡的屍體,這實在很危險——
摔角手嗎!?
嗚哩呀啊啊啊
恐怖
這簡直是搏命演出!?
毛骨悚然~
希望停下來呀…

眼不見為淨

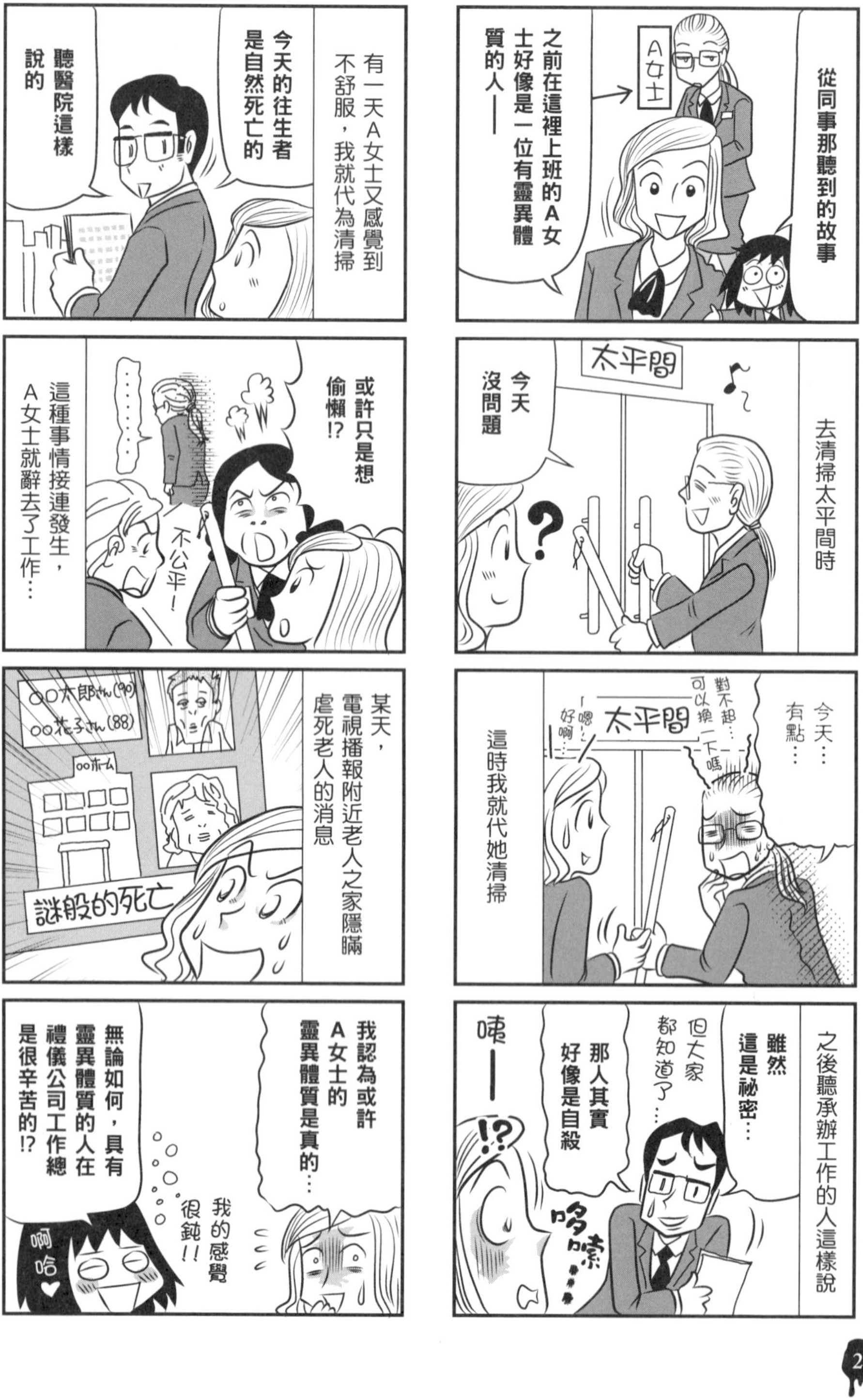
從同事那聽到的故事
之前在這裡上班的A女士好像是一位有靈異體質的人——
A女士
去清掃太平間時
太平間
今天沒問題
?
今天有點……
對不起…可以換一下嗎
嗯?好啊
太平間
這時我就代她清掃
之後聽承辦工作的人這樣說
雖然這是祕密…
但大家都知道了…
那人其實好像是自殺
咦——
!?
哆嗦
有一天A女士又感覺到不舒服，我就代為清掃
今天的往生者是自然死亡的
聽醫院這樣說的
或許只是想偷懶!?
不公平!
……
這種事情接連發生，A女士就辭去了工作…
某天，電視播報附近老人之家隱瞞虐死老人的消息
○○太郎さん(90)
○○花子さん(88)
○○ホーム
謎般的死亡
我認為或許A女士的靈異體質是真的…
我的感覺很鈍!!
無論如何，具有靈異體質的人在禮儀公司工作總是很辛苦的!?
啊哈♥

樹葬 人氣正旺！

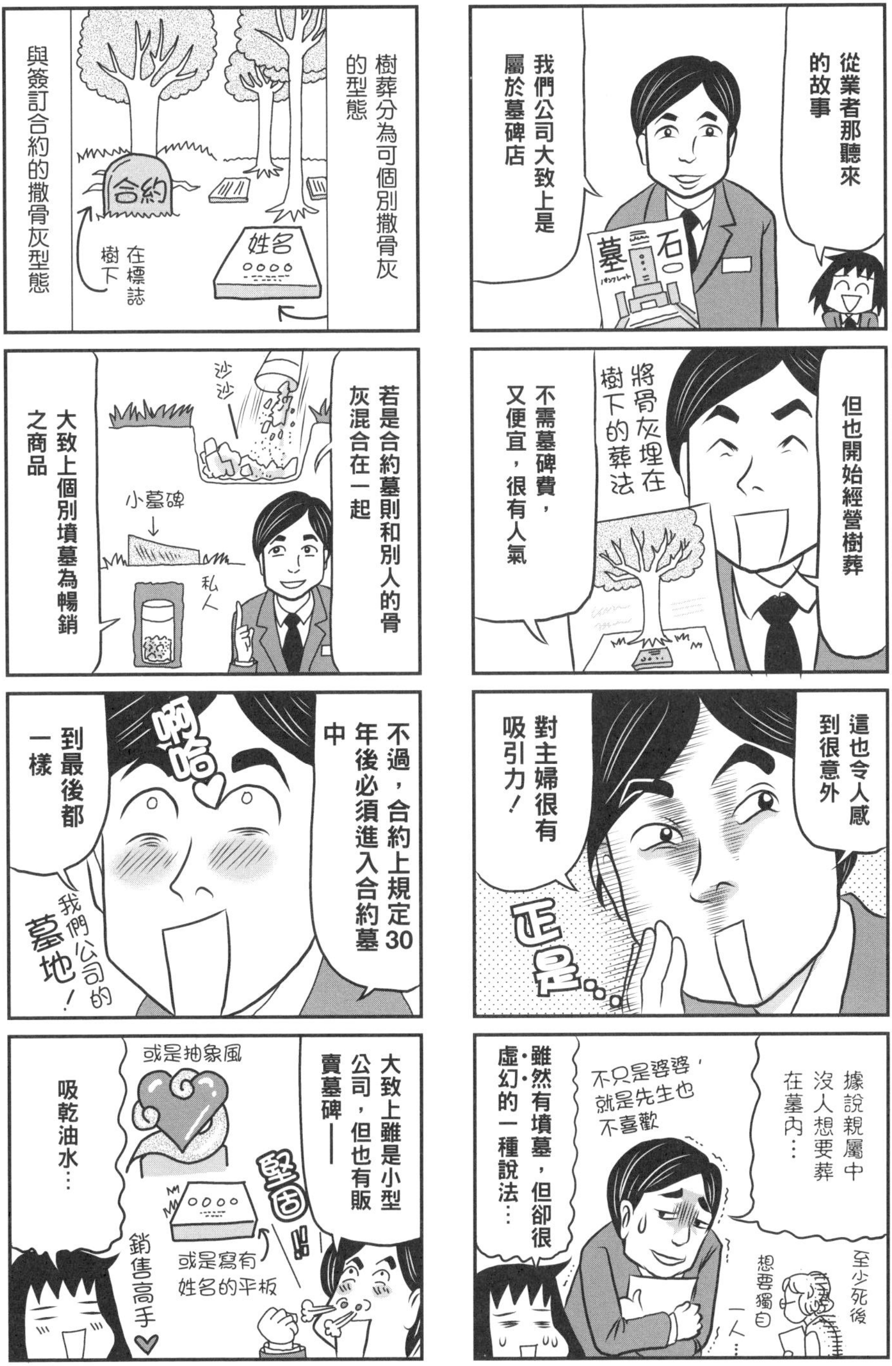
從業者那聽來的故事
我們公司大致上是屬於墓碑店
墓石
但也開始經營樹葬
將骨灰埋在樹下的葬法
不需墓碑費，又便宜，很有人氣
這也令人感到很意外
對主婦很有吸引力！
正是…
據說親屬中沒人想要葬在墓內…
雖然有墳墓，但卻很虛幻的一種說法…
不只是婆婆，就是先生也不喜歡
至少死後想要獨自一人…
樹葬分為可個別撒骨灰的型態
與簽訂合約的撒骨灰型態
合約
姓名
○○○○
在標誌樹下
若是合約墓則和別人的骨灰混合在一起
大致上個別墳墓為暢銷之商品
沙沙
小墓碑
私人
不過，合約上規定30年後必須進入合約墓中
到最後都一樣
啊哈♥
我們公司的墓地！
大致上雖是小型公司，但也有販賣墓碑——
吸乾油水…
或是抽象風
堅固!!
或是寫有姓名的平板
銷售高手♥

謹供參考…

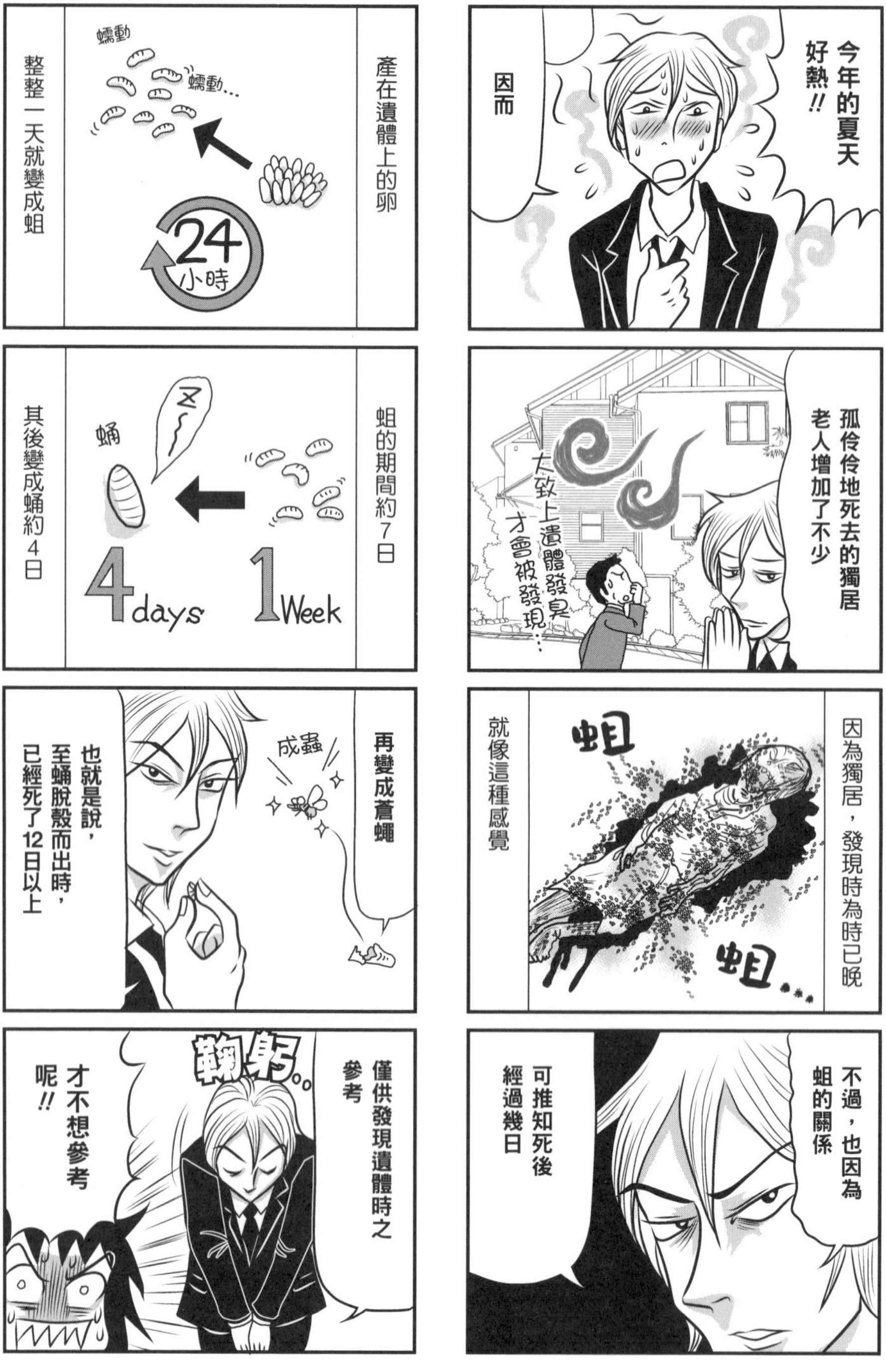
今年的夏天好熱!!
因而
孤伶伶地死去的獨居老人增加了不少
大致上遺體發臭才會被發現…
因為獨居，發現時為時已晚
蛆
蛆…
就像這種感覺
不過，也因為蛆的關係
可推知死後經過幾日
產在遺體上的卵
蠕動
蠕動…
24
小時
整整一天就變成蛆
蛆的期間約7日
蛹
1Week
4days
其後變成蛹約4日
再變成蒼蠅
成蟲
也就是說，至蛹脫殼而出時，已經死了12日以上
僅供發現遺體時之參考
鞠躬。。
才不想參考呢!!

從腹中取出刀子

病理解剖醫師來電
有一把鉗子放在遺體腹中忘了取出
拜託悄悄收回♥
鉗子
這裡可利用金錢的力量
給火葬場的職員「小費」
喂，
不行啦！
火葬後要將骨灰交給遺族家屬之前
啦啦啦啦～
啪
噓
無事
鉗子GET!!
哎呀──幫了大忙
太好了
…那我的「小費」呢？
那好像還在腹中的樣子

※鉗子…使用於抓住器官等的手術器具。

被遺忘的暗處

某大學醫院研究室重新裝潢時發現
啊
哇！這是什麼？
十幾具泡在福馬林中的嬰兒屍體
戰後，這個研究室有位喜歡解剖的小兒科醫生
不久，隨著時間的經過就被遺忘了
最後在沒人知道的情形下被燒毀了…
轟──
正所謂死無對證

禮儀公司的旅行故事

從鐵道迷的同事口中聽到的故事
放假日去旅行了嗎？
重新啟用的東京車站受到矚目
漂亮
你知道東京車站設有太平間嗎？
因為1天中有數十萬人出入的車站
也有從周圍車站載送過來的旅客…
除了自殺以外，也有因罹患急病而死亡的旅客
太平間的場所似乎是在靠近神田自由通路附近
通稱7號室
因此，領取遺體的人到來時，為顧及其他旅客
在這
7號室的旅客
這樣稱呼
因是管轄外，還不曾去過——
真想去看看…
我不想去……
東京車站也發生過其他有關死亡現場的故事！
原敬首相暗殺現場
濱口首相暗殺現場
大人的社會科參訪…？

死後全都一樣

前往醫大醫院領取驗屍後遺體時的事情
取出的器官放入容器內，
但仔細一看——
醃製品用桶！
一夜漬
たくあん
一夜醃好的鹹菜!?
——這是最方便好用的桶子～
便宜……
漬物
減塩
わさび
死後被這樣處理…
哇嗚……
用桶子太小了……

困擾的女孩

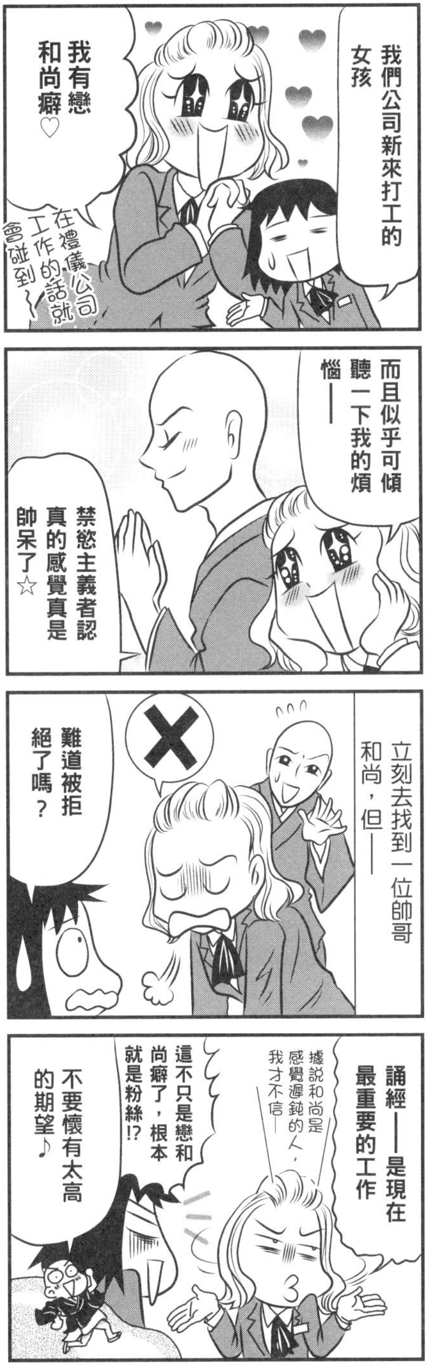
我們公司新來打工的女孩
我有戀和尚癖♡
在禮儀公司工作的話就會碰到～
而且似乎可傾聽一下我的煩惱——
禁慾主義者認真的感覺真是帥呆了☆
立刻去找到一位帥哥和尚，但——
難道被拒絕了嗎？
誦經——是現在最重要的工作
據說和尚是感覺遲鈍的人，我才不信——
這不只是戀和尚癖了，根本就是粉絲!?
不要懷有太高的期望♪

貼切

據說今後會愈來愈多。
獨居死亡
我上次去的那個家中慘不忍睹…
獨居的老先生罹患失智症似乎已到了末期
牆壁全部塗滿了糞便
嘶嘶嘶
臭氣沖天…
糞便與屍臭…
有「寶潔（Febreze，空氣清新劑）」真好，還可驅邪

乾屍

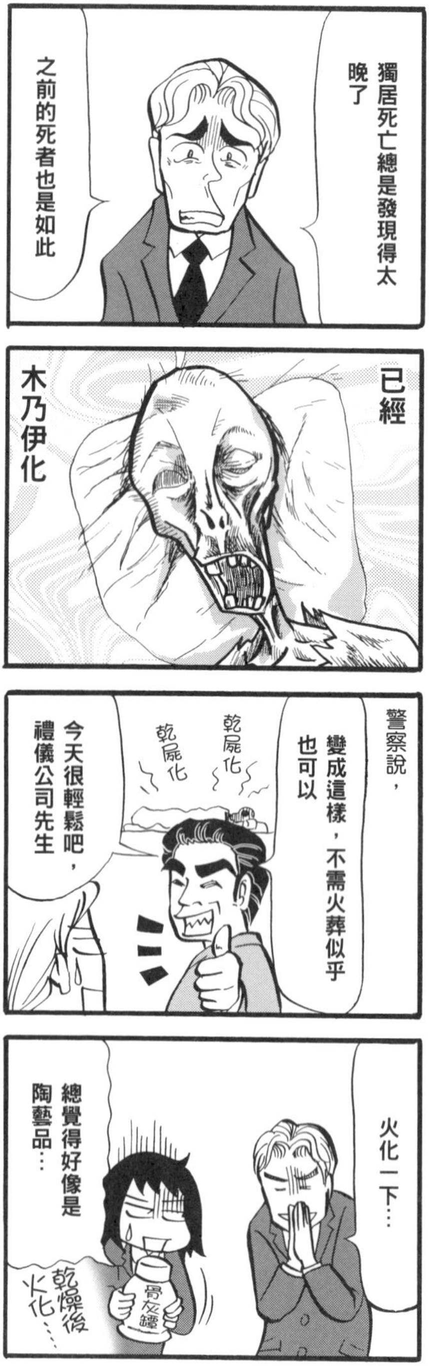
獨居死亡總是發現得太晚了
之前的死者也是如此
已經
木乃伊化
警察說，變成這樣，不需火葬似乎也可以
乾屍化
乾屍化
今天很輕鬆吧，禮儀公司先生
火化一下…
總覺得好像是陶藝品…
乾燥後火化…
骨灰罈

必需品？

上吊自盡的話，舌頭和眼珠都會凸出——
鬆弛下垂……
會這樣認為嗎？
不過，大部分都死狀完好，幾乎看不出是上吊而死。
對未出嫁的女兒穿上新娘服……
但頸部露出的話……
這樣……
在頸部掛上白色項鍊，受到家屬讚許
用披肩或圍巾遮住吊痕是很常見的方式
項鍊是你女朋友的？

接下來是我們的未來

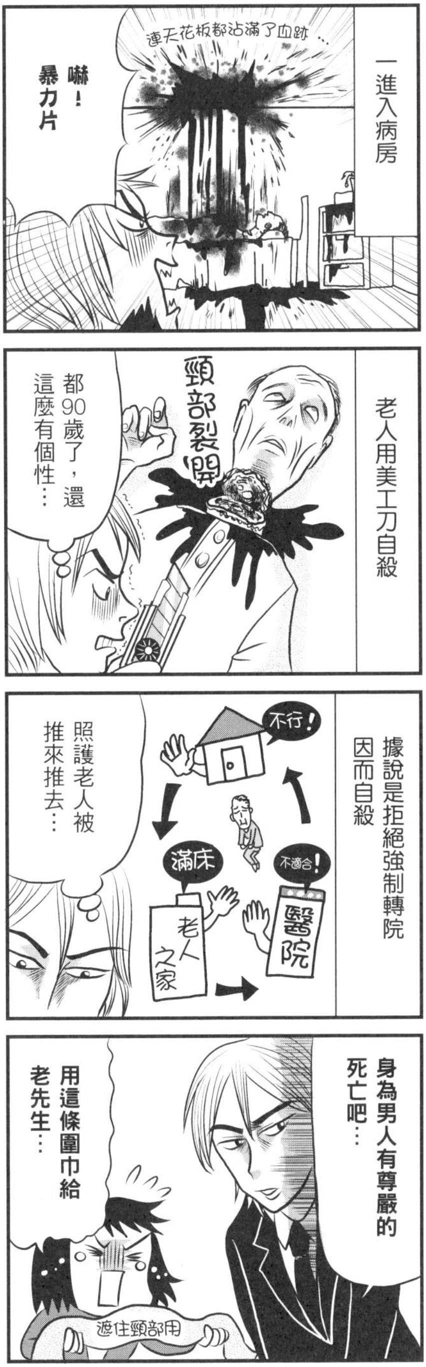
一進入病房
連天花板都沾滿了血跡…
嚇！暴力片
老人用美工刀自殺
頸部裂開
都90歲了，還這麼有個性…
據說是拒絕強制轉院因而自殺
不行！
滿床
不適合！
老人之家
醫院
照護老人被推來推去…
身為男人有尊嚴的死亡吧…
用這條圍巾給老先生…
遮住頸部用

恐怖的存在!?

在某次喪禮後，靈車的駕駛跟我說了這樣的故事
在這殯儀館附近——
有一條道路，當地人稱為「送葬行列道路」
前往火葬場的靈車經常經過這條道路
經過這條道路時經常看到
一位雙手合十的老婆婆
她住在附近嗎…？
每天都對經過的好幾輛靈車雙手合十，在思考什麼吧…
但最近都沒看到老婆婆的蹤影
一瞥…
今天也沒看到…
身體不舒服吧？
接著
坐在隔壁的喪家——
駕駛先生請開慢點——
唏…
這是我媽家的前面
那我現在運送的是
或許是——
老婆婆辛苦了！
兩人為老婆婆祈求冥福
這也太偶然了，真恐怖…！

今晚吃的菜是…

我是禮儀師nontan
漁網卡到屍體的事情時有所聞
經…經常發生嗎？
長期間保存在低溫下的遺體脂肪氧化後
變成像肥皂一般
在海底…
前天發現的遺體因長期間浸泡在海水中，已呈現屍蠟化
屍蠟化!?
很稀奇呢……
黏糊糊的蠟像！
哎呀－
呼呼呼…
晚餐的魚類菜餚，或許是與遺體一起撈上來的…
感謝生命，享用吧…
這魚不能吃吧!!
※融化

有二就有三…!?

結束靈前守夜的工作，正要乘車時
咚
在面前有位先生
砰
死了…!?
哎呀
屍體已經司空見慣，沒問題
沙沙沙…
嘩啦 嘩啦…
冷靜地呼叫救護車
隔日的新聞
那位先生還是死掉了嗎…
再經幾天後，在靈前守夜的式場
咕喔喔喔～～
咖咖
咖咖
莫非是…
轉頭
呼叫救護車！
咖咖咖
咕喔喔
之後，這位女性也身故了
這樣，我在公司因而——
被稱為死神…
這種工作狀況確是「必殺仕事人」（日本古裝電視劇）!?

以前的事情？

入殮時，亡者的喜愛用品也一起放入
一直戴著的鑽石
以前禮儀公司的人會經常和火葬場的人耳語
今天有放入勞力士喔
嗯嗯…
在將要火葬前開棺
燒成灰很可惜～
聽說幹這種事是家常便飯
現在沒有嗎？
我在父親的棺木中也曾放入自己的出版品，是否也被盜了!?
↑不需擔心的物品

第三次火葬

醫院打來電話
好的…
請將右腳下肢火葬※

※只有因生病而切除身體部分四肢的火葬

事後，同一家醫院又打電話來
好的…
請將左腳下肢火葬
之後——
麻煩前來領取遺體
好的…
缺兩隻腳的遺體
長年糖尿病…
糖尿病真的很恐怖…

看後面!!

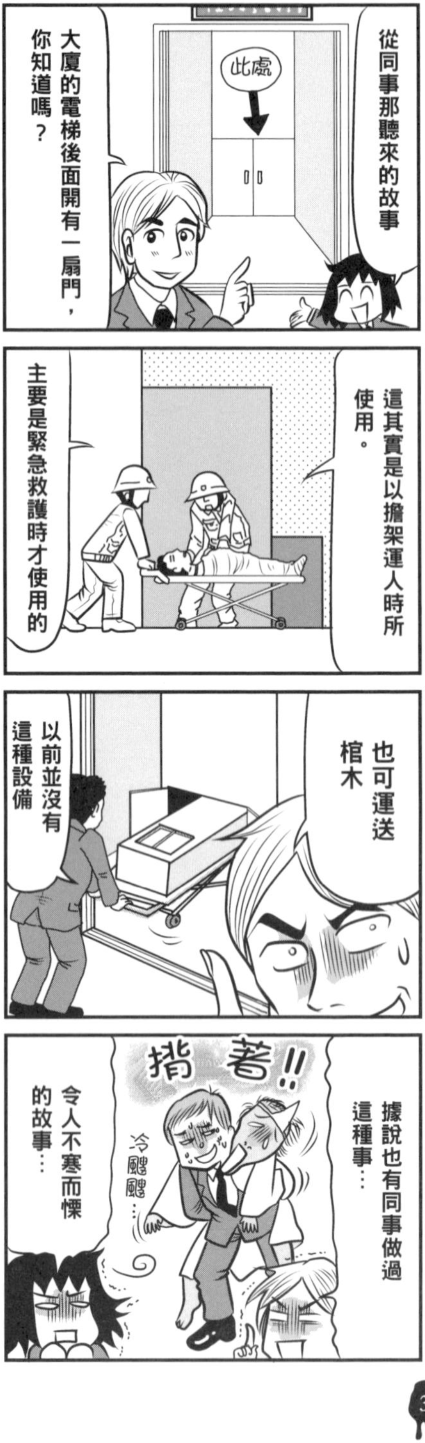
從同事那聽來的故事
大廈的電梯後面開有一扇門，你知道嗎？
此處
這其實是以擔架運人時所使用。
主要是緊急救護時才使用的
也可運送棺木
以前並沒有這種設備
揹著!!
據說也有同事做過這種事…
令人不寒而慄的故事…
冷颼颼…

我們並未沮喪！

死亡診斷書上若寫有「敗血症」時需注意
有敗血症的遺體很容易腐壞
死亡診斷書
羅患敗血症但醫院並未告知，就將遺體由醫院運送到家中
期間只有1個小時的車程
無異狀
在家中將遺體搬下時
冒泡聲
哎呀
搬運者也被罵得狗血淋頭
狗血淋頭
你們是怎麼搬運的!?
即使如此，禮儀公司並不氣餒，加油！
雖然不是公司同事的錯—

有用嗎？

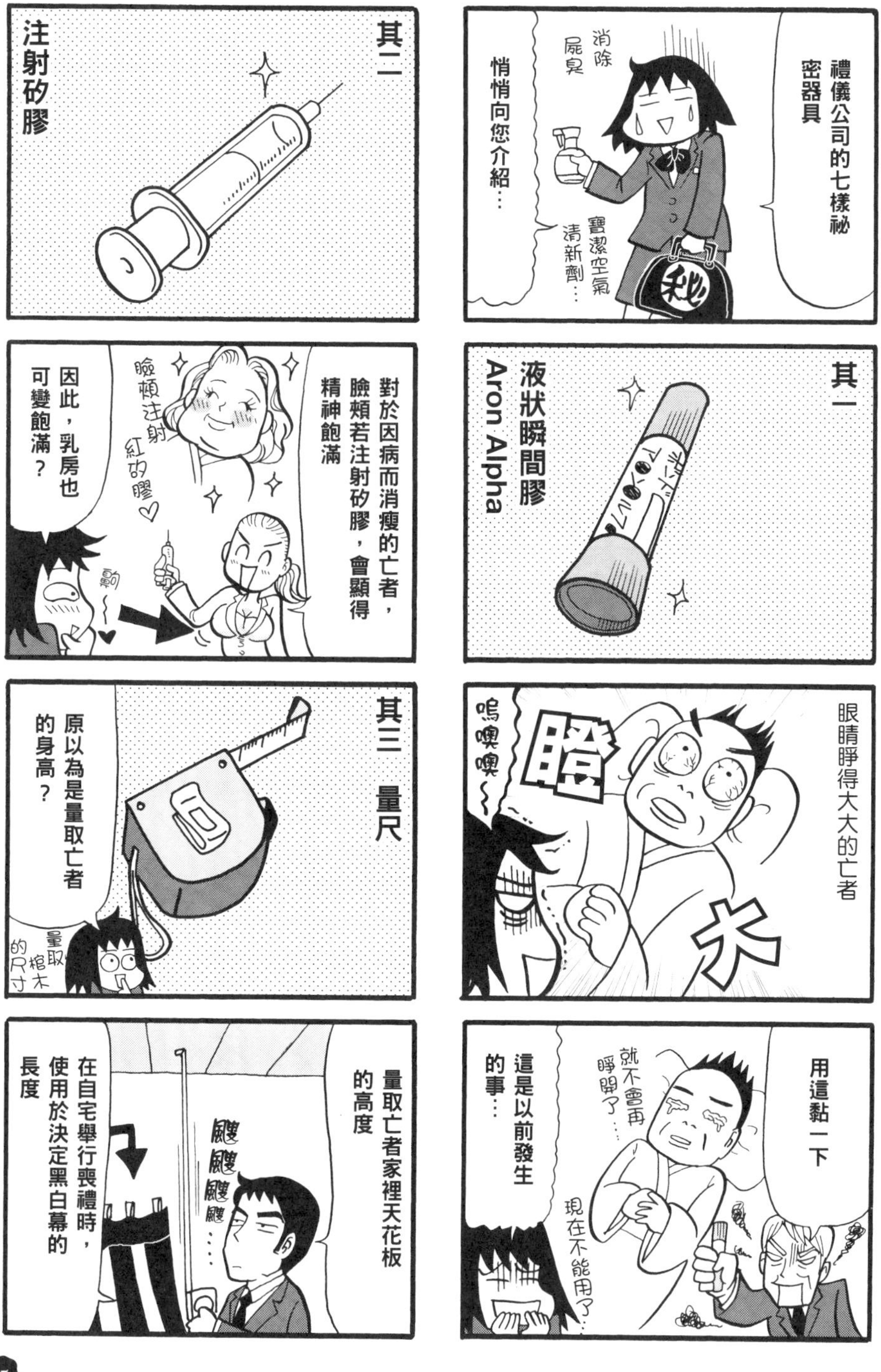
禮儀公司的七樣祕密器具
消除屍臭
寶潔空氣清新劑…
悄悄向您介紹…
秘
其一
液狀瞬間膠
Aron Alpha
眼睛睜得大大的亡者
瞪
大
嗚噢噢～
用這黏一下
就不會再睜開了……
這是以前發生的事…
現在不能用了…
其二
注射矽膠
對於因病而消瘦的亡者，臉頰若注射矽膠，會顯得精神飽滿
臉頰注射紅矽膠♡
因此，乳房也可變飽滿？
其三　量尺
原以為是量取亡者的身高？
量取棺木的尺寸
量取亡者家裡天花板的高度
在自宅舉行喪禮時，使用於決定黑白幕的長度
颼颼颼颼……

（續）有用嗎？

其四
防蚊線香
寺廟的蚊子很多
必須常常在外面一直站著
很癢～～の……
其五 糖果
哄小孩的物品
對咳個不停的人也有效
哇哇～～
看－糖果
咳嗽
其六 香菸卡(Taspo)
我不抽菸，但…
taspo
オガタ チエ
有些送葬者會忘了攜帶
穿著與平常不一樣的服裝就忘記帶了
真體貼－
當然不會借給未成年人－
其七 零錢
鮮花費用及奠儀用方面需準備零錢！
設想周到－
由此看來，禮儀公司是個了不起的服務業
操心的人
好的
手帕
好的
需要我們提供服務的人
務必攜帶死亡證明書前來
嘿嘿嘿……

Q 請說明禮儀師的七樣器具

A 化妝禮儀師的工作是將遺體化妝得很整齊漂亮。因此，七樣器具也是整理遺體必備的用具。

使用的器具依禮儀師而各有不同，以下介紹我使用的七樣祕密器具。

●大鑷子

前端彎曲、長約30cm的鑷子。為使下顎及嘴巴閉上，用鑷子夾著棉花含入死者的口中。其竅門是，與其說是含入口中，不如說是使喉嚨深處吃進大量的棉花。這樣會如何呢？讓死者吃進棉花後，喉嚨一受到壓迫，下顎就會閉上。接著整理臉頰，將棉花含於死者口中，臉龐就會好看了。

●棉花

用於塞住肛門、擦拭遺體，或作成花朵點綴，用途很多。

●噴霧液（Spray film）

已經呈現半腐爛的遺體皮膚非常脆弱。化妝時，若使用化妝粉撲，皮膚就會滑溜溜地捲縮起來（想像一下腐爛的桃子）。用噴霧液塗裝肌膚後凝固的話，對於腐爛的臉孔也可上妝。

●眼藥水

使遺體眼睛閉上的密技。大多數遺體的眼睛都會安靜地閉上，但有些遺體的眼睛仍然睜得大大的。死者眼睛缺乏水分，乾燥後就會凹陷。這時點上眼藥水，哎呀，很不可思議，費盡苦心仍無法閉上的眼睛就會安詳地闔上。

●橡膠手套

遺體會形成感染的來源。死者或許患有死亡診斷書上所未記載的疾病。同時也為了死者的尊嚴，勿使感染擴大非常重要。為避免將感染源帶回家造成二次感染，即使是小事一樁也要留意，務必戴上橡膠手套。不過，在家屬面前戴著橡膠手套會給人嫌棄的感覺（似乎會被認為「我父親有那麼髒到需要戴手套嗎？」），在從事工作時遇到這種情形並不少見。

●吸水墊

總之，有各種液體會滲漏出來。糞便、尿、血液、點滴、滲出液、腹水⋯，使用居家用品商店的寵物用紙尿片處理。腐爛不堪的遺體則用吸水墊包紮全身，上面再用繃帶圍繞，像木乃伊那般處理。

●白衣

禮儀師的正式服裝，為預防感染症等，於整理遺體時也需穿著。因為原則上正如所謂的「人要衣裝」，外界對我們這般的職業多少都會帶有偏見，穿著白衣看起來比較高尚。看起來就像醫生那般，重要性可提升30％。在個人方面也可提升形象（笑）。

這是禮儀師的七樣器具與其使用方式。讀完後，各位有家人往生時，也可DIY整理遺體。

燃燒生命

媒體因政治目的進行操弄
禮儀師nontan
本來不大會成為話題…
在JR新宿站附近進行抗議演說的男性
反對
絕對反對
反對!!
自焚
喔喔喔
自焚的痛楚非常淒厲
喔喔喔
嘶嘶嘶
要讓對方感受到強烈的震撼
因此，從以前就做為政治抗爭的方式
出現自焚的行為

呼
呼
這位男性被送到醫院時還有意識…
請愛惜生命!!

紅與黑

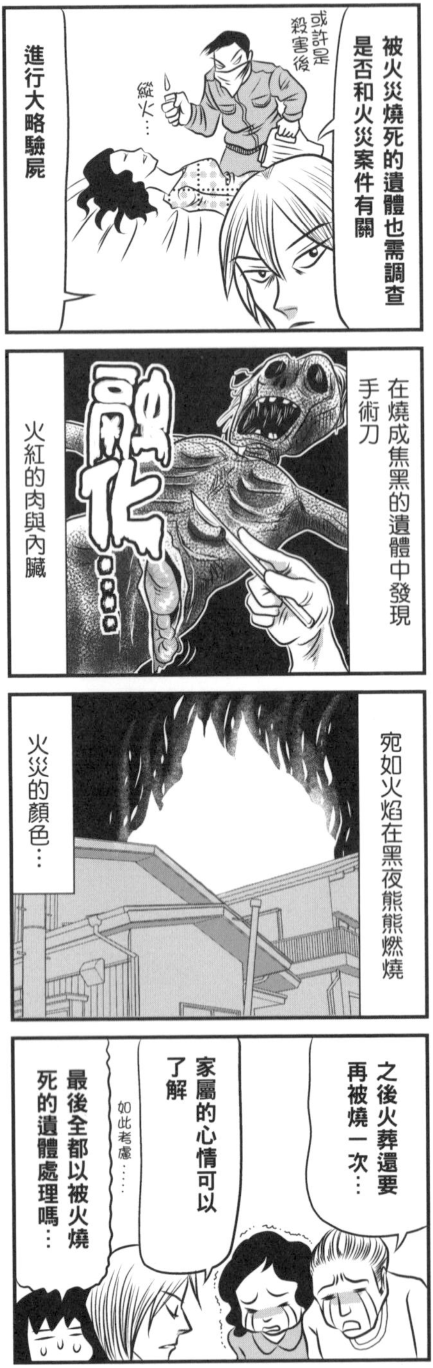
被火災燒死的遺體也需調查
是否和火災案件有關
或許是殺害後
縱火…
進行大略驗屍
在燒成焦黑的遺體中發現
手術刀
火紅的肉與內臟
宛如火焰在黑夜熊熊燃燒
火災的顏色…
之後火葬還要再被燒一次…
家屬的心情可以了解
如此考慮……
最後全都以被火燒死的遺體處理嗎…

表示季節的語言

喔…
噗
今年又到這季節了
夏天只要經過4天左右，就會像這種感覺…
只用手直接抓住遺體…
脫落…
因為會捲縮起來，用浴巾及毛毯包起來後抬上擔架
奇臭無比…
乘電梯時和大廈的居民意外碰面，大家都被這臭味嚇一跳！
嗚喔喔喔
只有習慣的禮儀公司人員可以忍受…

不受歡迎的客人

前往領取海上浮屍時的故事
第1位發現浮屍的人竟是——
參加船上結婚典禮的客人…
漂浮著
漂浮著
懸疑劇!?
是屍體!!
參加婚禮的客人將新郎新娘晾在一邊…
喔— 好可怕—!
怪異
尖叫聲
尖叫聲
無論如何，將船開出港!!
職員
雖然將船開出港了，但因海水的渦流，
哇—!
往這邊來了~
愈來愈靠近屍體…
漂浮
漂浮
在港口，警察也出動了，造成大騷動…
叭喔叭喔叭喔~
嘎吱
嘎吱
航行到海上就沒問題了
離開港口，終於平靜下來
結婚典禮
不論遭遇任何苦難，兩人都…
不過!!
轟
轟
轟
轟
警察的直升機!!
這次是…!
第1位發現者在結婚典禮後需到警所製作事件筆錄，真夠他受的…
無論哪一方都印象深刻呀…

獨居者的菜餚…

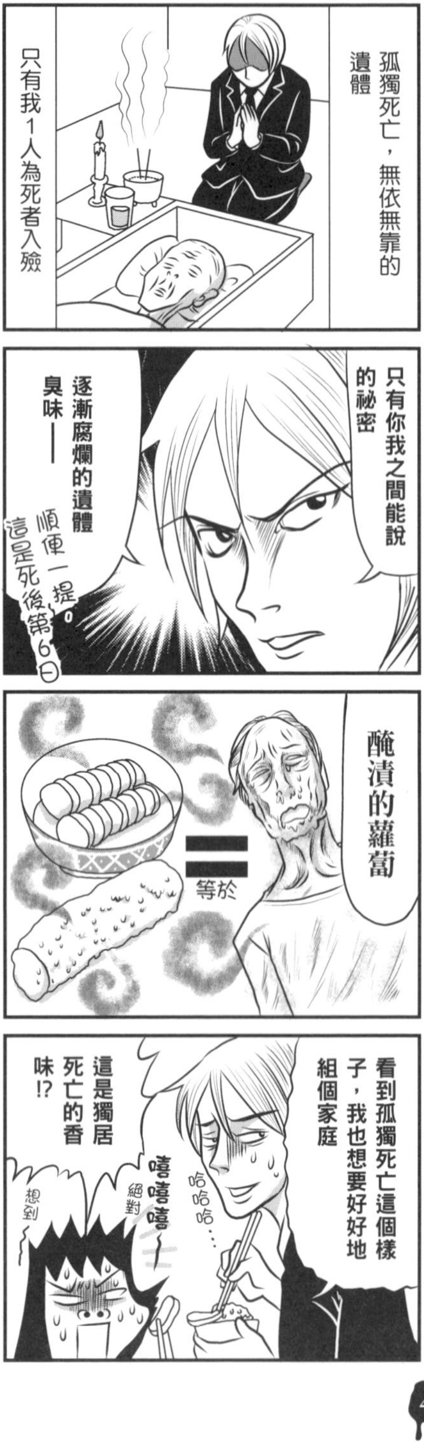

孤獨死亡，無依無靠的遺體
只有我1人為死者入殮
只有你我之間能說的祕密
逐漸腐爛的遺體臭味——
順便一提這是死後第6日
醃漬的蘿蔔
等於
看到孤獨死亡這個樣子，我也想要好好地組個家庭
這是獨居死亡的香味!?
哈哈哈…
嘻嘻嘻~
絕對
想到

在禮儀公司工作的原因

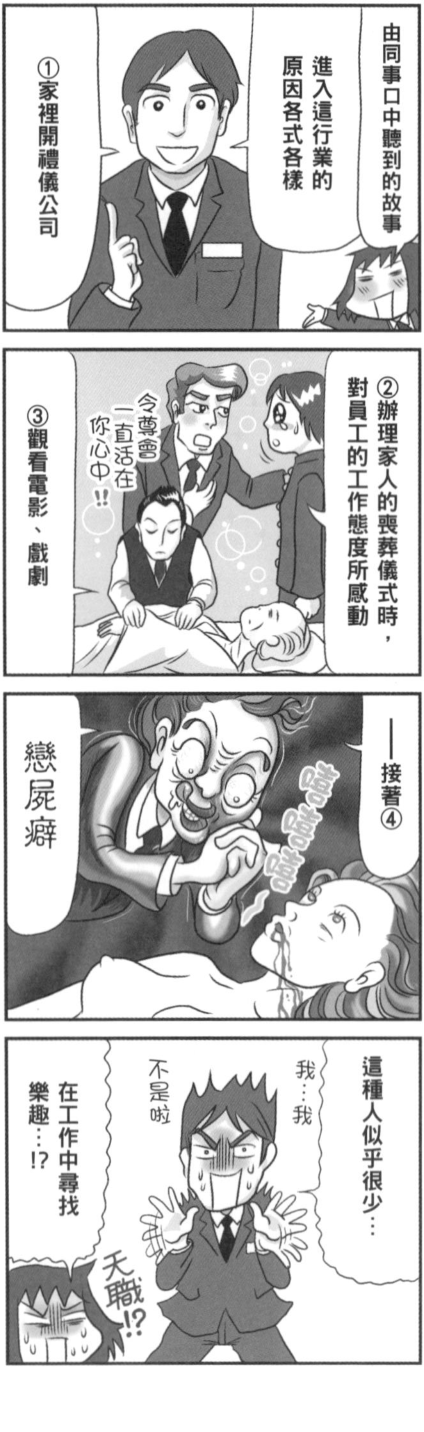

由同事口中聽到的故事
進入這行業的原因各式各樣
①家裡開禮儀公司
②辦理家人的喪葬儀式時，對員工的工作態度所感動
令尊會一直活在你心中!!
③觀看電影、戲劇
——接著④
嘻嘻嘻~
戀屍癖
這種人似乎很少…
我…我
不是啦
在工作中尋找樂趣…!?
天職!?

在禮儀公司工作這回事

禮儀公司——
到現在才稍微受到社會肯定，但——
根深蒂固的偏見如今還殘留著
因此，想從事這項工作總會有許多特別的原因
欸♥
說到我們同事，被裁員後才從事這項工作
噗—
開除
公司倒閉
事業失敗
借款
職業介紹所的常客等
宛如不幸的人生一起演出
求
求
求
求
然後，由於從事了這項工作
能夠對人家說嗎！
有人被斷絕父子關係
有人被解除婚約
不行！
爸爸上班加油喔！
有人還無法對妻子說
即便如此，我們一面煩惱
一面感到驕傲地從事工作
唔～～
我正在為提升禮儀公司的形象加油!!
透過漫畫!!
色情或怪異…
這樣不會反而更糟嗎…？

恐怖電話

禮儀公司24小時待命，一接到電話，無論什麼地方都必須前往接案
不過，最近大多是——
惡作劇的電話
好的…馬上過去
因為山田〇子在〇〇醫院身故——
前往領屍時
很沒禮貌!!
還活著啊!!
周圍有惡作劇的人…
這裡是竹林醫院，請來這裡領屍，地址是…
好的…馬上去…
往那地址前往時——
沒有醫院
〇〇家之墓
不出聲的電話幾乎都在深夜打來
……
不過，根據傳聞——
打電話不出聲的嫌犯是
咕咕咕…
或許是值班員工的太太…
據說是為了查探她先生是否假裝上班，卻在搞外遇…
親…親愛的…
恐婦電話!?

暗號

只有禮儀公司才知道的
分辨黑道的方式
想知道～♡
放入胸前口袋的念珠
穗子露出的話就是黑道!!
或許只出現在我居住的地方
有這樣的傳聞
地
地
一般人
原來如此～
這宛如洗溫泉時在腳踝上繫著鑰匙，代表同志一般…
一般人都將念珠放入袋內
暗號
OK
啊呀～♡
這是禮貌♥
容易分辨…

所謂的人這字…

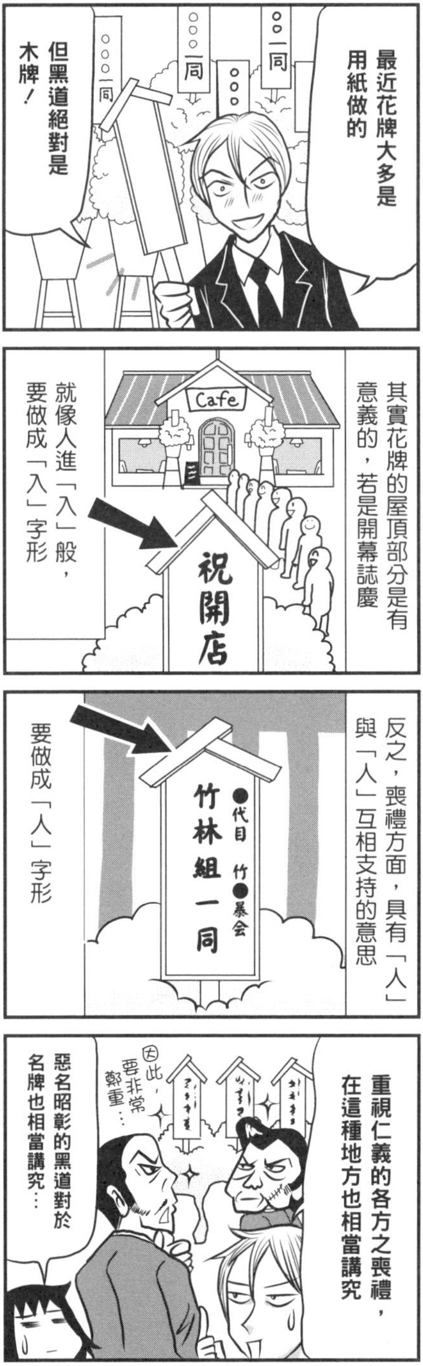
最近花牌大多是用紙做的
但黑道絕對是木牌！
其實花牌的屋頂部分是有意義的，若是開幕誌慶
就像人進「入」一般，要做成「入」字形
Cafe
祝開店
反之，喪禮方面，具有「人」與「人」互相支持的意思
要做成「人」字形
●代目 竹林組一同 竹●暴会
重視仁義的各方之喪禮，在這種地方也相當講究
惡名昭彰的黑道對於名牌也相當講究…
因此，要非常鄭重…

禮儀公司的行話

這是業界的行話故事
若說「出箱」時？
是？
是奠儀回敬物品的交付嗎？
是抬出棺材嗎？
海苔
噗
指的是只有火葬的喪葬儀式
也稱為「直葬」
沒有法會或儀式，只有火葬
也就是說沒有賺頭的工作…
對於禮儀公司而言…
對於只是直葬，用直球回答
丟！
那麼…
若說是「綠色」，行話是什麼呢？
…我知道…
指的是這個嗎？
綠人！
沒錯，正確答案
指的是遺體開始稍微腐敗
猜中了
既高興又悲傷…
因一開始腐敗，腹部首先變為綠色…
好孩子不知道也沒關係…
綠色！

用氫氧化鈉自殺

皮膚只要稍微沾上就會燙傷
進入眼睛則有失明之虞
氫氧化鈉
也可做為肥皂的材料
劇毒、氫氧化鈉
禮儀師nontan
融化
喉嚨及食道溶化，肺部也毀壞，無法呼吸
咕喔！
今天的死者就是喝氫氧化鈉自殺的…
這種劇毒一喝下…
像身陷地獄般在痛苦中死掉
咕啊啊啊啊啊
尤其是身體仍繼續溶解
劇毒通過後，形成溶解的肉道
舌頭也溶化掉
牙齒脫落…
我能做的，也只是呈現出讓家屬稍微能看的面貌…
還有別的生存方式與死法啊!!

也要做這種工作…

自殺方式最多的是上吊，其次是
跳樓
本日的死者也是跳樓
咕恰
慘不忍睹的狀況——
家屬希望
能讓大家看最後一面…
嗯…
設法埋入油灰（putty）
卯足勁設法修補復原，但…
塗抹……
不行…心情反而更差了…
不自然…
嗚嗚…
雖說屍體已司空見慣，但仍感到很難過。
啾啾啾…
我這麼努力並不是要讓妳們高興
好厲害！
捏揉……
而且也沒有追加費用
薪水沒變
相對於家屬遭逢巨大變故，感到空虛的我
考驗！
只是渺小的人類…
不…不，儘管已看慣屍體，但仍會感到難受!!

人生完全燃燒？

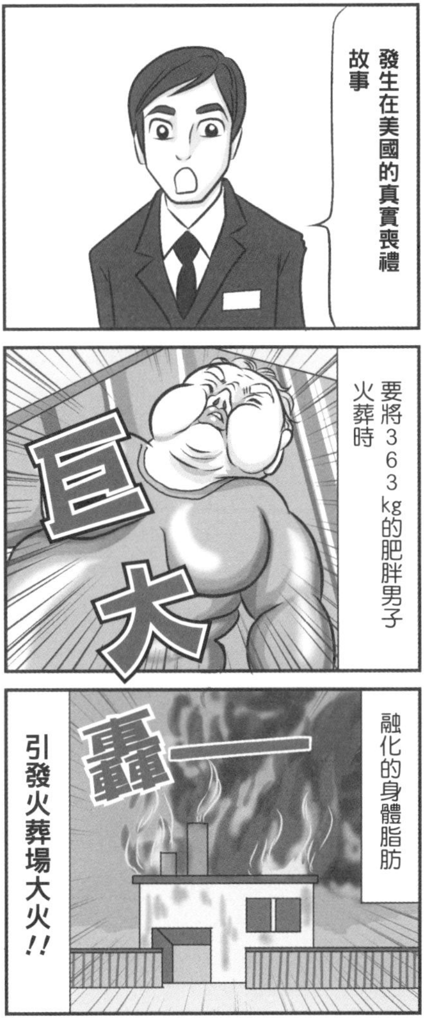
發生在美國的真實喪禮故事
要將363kg的肥胖男子火葬時
巨大
融化的身體脂肪
轟—
引發火葬場大火!!
出動消防車滅火而騷動了一下，所幸無人受傷
甚至參加喪禮的人都害怕火葬了~~
對死者真對不起

罕見事件…

日本兵庫縣也有個類似事件
正在火化遺體時
警告聲？
噗—噗—
轟
火葬爐發生異常高溫!!
爐門突然開啟
蹦
蹦
載著只燒到一半的遺體檯子從爐中飛出!!
火爐與部分的火葬場遭到燒毀…
轟—
燒到一半……
家屬若看到會被嚇死!!

必殺仕事人

禮儀公司的壞心眼故事
我是業務員
業績No.1
為賣給客人高價商品——
需動之以情!!
要讓客人緬懷已故者…
松 竹 梅
如重擊般連續猛打!!
大家都這樣做
這是最起碼的報恩
嗯～…
甜言蜜語是——
表示您的一點心意
業績要獲勝就要絕情!!
那麼這樣…
擊倒

從北方飄來的水流屍

飄到海岸邊
身分不名的水流屍
祈求冥福…
身分資料庫中有這樣的記載
年齡40～60歲男性
身穿黑外套配牛仔褲衣物
!!
照片2張——
金●日
金●成
祈求世界和平…

禮儀師的工作

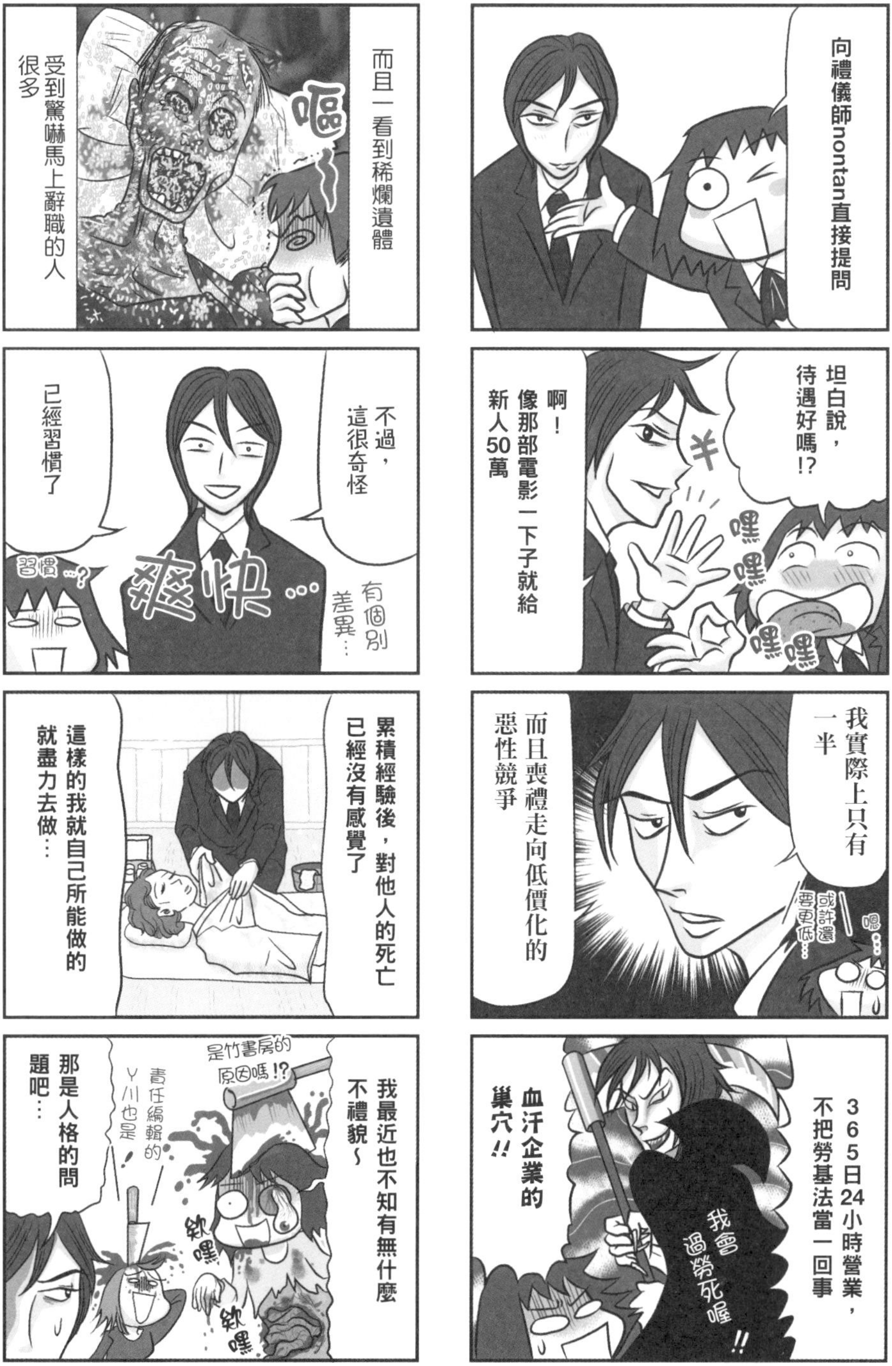

向禮儀師nontan直接提問
坦白說，待遇好嗎!?
嘿嘿嘿嘿
啊！像那部電影一下子就給新人50萬
我實際上只有一半
嗯…
或許還要更低…
而且喪禮走向低價化的惡性競爭
365日24小時營業，不把勞基法當一回事
我會過勞死喔!!
血汗企業的巢穴!!
而且一看到稀爛遺體
嘔～
受到驚嚇馬上辭職的人很多
不過，這很奇怪
有個別差異…
爽快…
已經習慣了
習慣…?
累積經驗後，對他人的死亡已經沒有感覺了
這樣的我就自己所能做的就盡力去做…
我最近也不知有無什麼不禮貌～
是竹書房的原因嗎!?
責任編輯的Y川也是!
欸嘿
欸嘿
那是人格的問題吧…

其實妳並不差

在起居室掛飾著
幸福的回憶
被成群的孫子環繞
生活無拘無束
雖然如此，但這位太太自殺
死亡了
更年期障礙引起的
憂鬱症自殺——
很巧，家族成員及生活水準和妳很類似！
。有2個小孩，獨立生活
。先生是上班族
。生活無拘無束
。好太太
我也有產後憂鬱症的經驗…
陰沉沉…
她的心情我很了解!!
這不是這位太太有問題，而是賀爾蒙不平衡的關係!!
據說是賀爾蒙失衡的時期
我是差勁的主婦
對不起——
動不動就哭!!
啊是我的關係，
筷子掉了…
感到難過時去看醫生就會好多了
有保險給付，初診2～3千日圓就可變輕鬆了～!!
到婦科或精神科GO!
——據說是這樣…
女人心海底針…

禮儀公司的工作

用不得體的話當八卦話題
是我們的家常便飯
不論是黃金周或過年
有人往生時，我們都得工作
溫馨
啊哈哈—
溫馨
看到每天都以淚洗面的家屬
以及慘不忍睹的遺體時
哇哇哇～
嗚
嗚
嗚
心裡就要自我防衛
一點都沒感覺
啪噹
也就是說，為使自己的感覺麻痺，不會有任何的感受
而費盡苦心
每隔幾個月就會固定做一次
惡夢
醒來
嗚哇啊啊
淚流滿面
在夢中進行自我治療呢！
清爽～
發洩出來很重要
利用各種方式

Q nontan先生迄今處理過的遺體有多少呢？

A

專業的禮儀師1天中可協助很多具遺體的喪葬事宜，但以我而言，雖說是入殮的禮儀師，但並不只是進行入殮的專業殮棺師，也是喪禮的負責人，從業務到入殮、司儀等整套的喪禮，從開始到最後都一手包辦，因此，以守靈、喪禮的工作計算，2天只能處理1具遺體。1年約150人—近10年來，以這步調辦理喪葬儀式的工作。若包含見習期間，已經協助處理過2000人以上的遺體喪葬事宜。

以我的經驗來說，死因仍以在醫院病死的最多，約佔全體的5成。死因由上往下依序是癌症、肺炎、心臟疾病、腦血管疾病及老衰。

其次是佔全體2成的獨居死亡，其死因以急性冠狀動脈症候群占最多。所謂的心肌梗塞，以法醫規定的心肌梗塞係以心肌缺血持續達30分鐘以上為前提。由於死後的驗屍無法觀察，因而命名為急性冠狀動脈症候群。

同樣佔2成的是自殺。自殺方式不論哪一世代均居第1位的都是上吊自盡。吊繩第1位是尼龍繩與麻繩、第2位領帶、第3位腰帶、第4位皮包的皮帶。上吊的場所第1位是門框上端的橫木、第2位曬衣架、第3位窗簾軌道、第4位門把。像門把之類，在意想不到的場所上吊的方式也很多。而且是在座位上。似乎是認為痛苦時可緩和一下。

自殺方式居次的是跳樓自殺、藥物自殺、臥軌自殺…。此外，自殺方式似乎也會流行，以前大多燒炭自殺，現在則是以氦氣自殺居多。

剩下的1成是交通事故。我擔任禮儀師10餘年來，還沒處理過殺人事件的遺體。以前有一件女童遭殺害的兇殺事件，被害者的遺體處理並不交由我來處理，全由警方人員負責。我認為像這種涉及民眾權益之事件，大概是為了防止機密資訊或被害者的隱私外洩。

第2章

遺族家屬如是說

正宮VS情婦

在喪禮上「男女」的劇本清楚呈現出來…
但常會圍繞在情婦的話題上
以公司為治喪者舉行喪禮時，會有職員在事前接獲訊息
這位……
引導她走後門
是的
為隱瞞情婦或私生子
悄悄地……
在儀式後進入
或請她儘量隱藏臉孔，安排坐在後方的座位
混入人群當中祭拜
在某個喪禮上
請…請往這邊
喀喀
啊…
喀喀
正宮走往情婦的藏身處
我先生在生前承蒙多加照顧
深深地
不…彼此彼此…
是照顧下面（陰部）
嗚哇
在場的所有人員都僵住…
鴉雀無聲——
好…恐怖
下面…？

香味四溢的喪禮

以前辦過喪禮的貴婦來電
想再拜託你們！
哪位往生了呢？
ㄡ…
這次是——
嘎
一隻叫桃子的迷你豬
電話掛斷後，公司內哄堂大笑
吃掉後祭拜嗎!?
與生薑一起烤來吃如何!?
不，燉肉如何!?
哈
哈
哇哈
哈
一面狠狠嘲弄一番，一面正經地製作豬小妹的遺影
也請僧侶用法號誦經
在動物靈園進行火葬
嗚…
嗚…
平常吃得很理所當然的豬肉…
不過，確實牠不是食物，而是生物啊…
桃子…
看到貴婦後，我這樣認為
不過，看起來好像很好吃…
轟
真想吃香腸
奠儀回敬物品是里肌火腿
多汁…

她傳來的訊息

今天的死者是
一位被男友拋棄因而自殺的女性
為布置成有如愛女生前的笑臉……
用向日葵裝飾會場
令人想起希臘神話
很久以前，向日葵是由一位稱為克麗蒂(Clytie)的女孩所變化而成的
克麗蒂深愛著男友
但他的心在別的女孩身上
飽嚐失戀之苦的克麗蒂九天九夜不吃不喝
永生永世凝望著男友
最後變成向日葵
向日葵的花語——
我的眼裡只有你——
她男友來會場時我會告訴他
嘻嘻——
仲夏的恐怖!!
咦——

骨灰寄放

提到骨灰，以前曾經發生過這樣的事情——
對不起
喪禮後，喪家主人要求
請將這個送到
寺廟去！
是的
仔細一看託運單——
骨灰!?
○○寺 様
骨灰
這不行喔，骨灰!!
住持會生氣！
因為有墓園的寺廟實在太遠了嘛
就算再苦再累，也要去啊！
太麻煩了

顧客是神佛

客人投訴說沒放入「清淨身心的鹽巴」
什麼？忘了放進去嗎？
對方說一進入家中，靈魂就會進入，要我們立刻拿過去……
什麼，那是……
那你拿去——
所幸就在附近，送到時
咦——
是這邊？
在等待時被蚊子叮了，索求醫藥費——
這是索賠!!
早該在第二格時就發現了…
了解吧？

有時也有值得一提的事蹟

最後的告別詞
我以前非常討厭爸爸
常常喝得醉醺醺
兄
弟
我心裡納悶，怎會有這麼丟人現眼的父親
不過，昨晚守靈時，爸爸公司的人這樣說——
呼嚕
令尊在大家情緒低落時
是一位常常主動扮演小丑角色來鼓舞士氣的人
holehole♪
加油♡
啊哈哈—
聽他這樣說後，我——
哽咽…
我以前也很討厭酒鬼爸爸!!
不過，昨天聽爸爸的友人說
一直陪著我喝到最後的只有令尊一人…
再喝一杯
真想和兒子喝一杯，但
…他們最近很討厭我——
聽到爸爸這樣說後，昨天我們父子3人
一起喝最後一次酒
爸爸什麼都沒說，但
兄弟2人這樣說：「爸爸一定也會這樣說吧」
會場哭成一團
禮儀公司的人也陪哭
嗚——
通往天國的梯子酒有點鹹…

喪禮的IT革命

現在很多人都拿著行動電話拍攝入殮的情景…
嘰—
現在開始即時
實況轉播
開始入殮!
將行動電話對著正在進行入殮的這邊…
嘰—
嘰—
有點
不好處理
啊啊啊
抽泣…
哎呀爸爸!!
收縮聲
啊，訊號斷了
等等，停在這裡!
停
住
也有這種事
這會館沒有訊號嘛!?
對不起…
受到斥責
不久網路喪禮或許就會推展開來
用信用卡付費或致送奠儀
在遠方的話就很方便了—
實況評論
不行—
不要走啊—
嗚啊啊~~
哎呀，爸爸 我不相信~
「賺人熱淚!」按鈕
按下
這個好像不是這樣…?
像這樣的感覺?

突然死亡

從家屬那邊聽到的故事
據說某天早上，阿嬤說她夢見
大家聚在一起討論我的治喪工作
雖然我還在這裡！
祭拜是…
親友代表如何辦理？
不過，大家都微笑著，心情愉快
——阿嬤將夢見的情景向家人說
啊哈哈——
到了傍晚——
胸悶
因心肌梗塞，阿嬤突然過世
預知夢嗎!?
也就是說，阿嬤也在這裡嗎？
啊哈哈…
厲害——
人類的死亡經常發生這種不可思議的巧合情形
是啊，我也——
像漫畫故事
最近夢見中了樂透
啊，我最近也經常被鳥糞擊中
運氣來了!?
真的…

因此，我不是有言在先了…

我是禮儀師nontan
我是緒方！
分居中的妻子前來想要領取死亡的男性遺體
大致告知了狀況，但
不聽顧客的話嗎!?
你這是怠忽職守!!
仍然不肯離去
見面實在有困難…
我是他太太欸!!
不論死狀如何都沒關係，我想看他最後一面!!
既然講成這樣了…
請
請看…
哎呀呀呀對不起
總之，承蒙諒解，深感榮幸…
希望不要造成心理創傷…
嘻嘻

對於禮儀公司而言，所謂的海洋是…

提到夏天就想起海洋!!
叭叭啦啦
提到海洋就想起海葬!
啊哈哈
嗯
其實最近興起的海葬，對於沒有墳墓的人，
或即便有墳墓也沒人看守…
以及沒有子嗣的人，都很有吸引力
或獨居者…
變成骨灰環遊世界各大海洋或許也不錯!?
這只是你和我之間能說的事——
好浪漫
經濟上的原因是最主要的…
像是買不起墳墓…
或對疏遠的親人骨灰不知如何處理…
或…
比起撒骨灰，還不如丟棄?
生活困頓…
骨頭必須粉碎成骨灰才能撒
嘎嘎嘎…
專用的粉碎機
粉碎
日前的顧客——
咦!?碎成粉需3萬圓!?
只碎成粉啊!?
那…那就自己碎
將遺骨裝入塑膠袋內敲打
砰砰砰砰
用研磨棒…這樣…
研磨…
將家人的骨頭碎成粉末…
人窮志不窮

為接受親人的死亡，也有會想要自己將親人骨灰磨成粉末的人…

見鬼了！

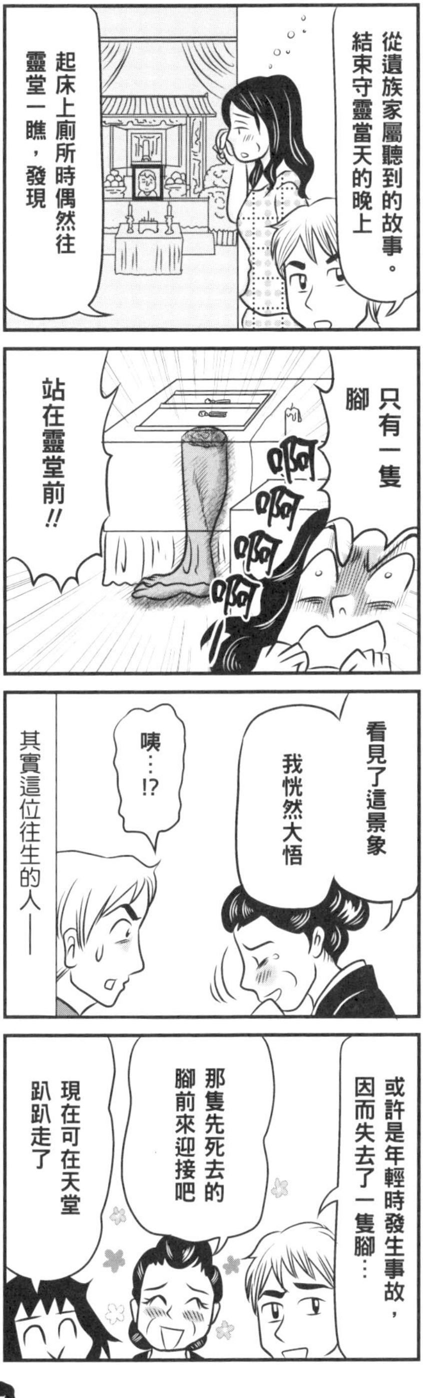

從遺族家屬聽到的故事。結束守靈當天的晚上
起床上廁所時偶然往靈堂一瞧，發現
只有一隻腳
啊啊啊啊
站在靈堂前!!
看見了這景象
我恍然大悟
咦…!?
其實這位往生的人——
或許是年輕時發生事故，因而失去了一隻腳…
那隻先死去的腳前來迎接吧
現在可在天堂趴趴走了

你儂我儂

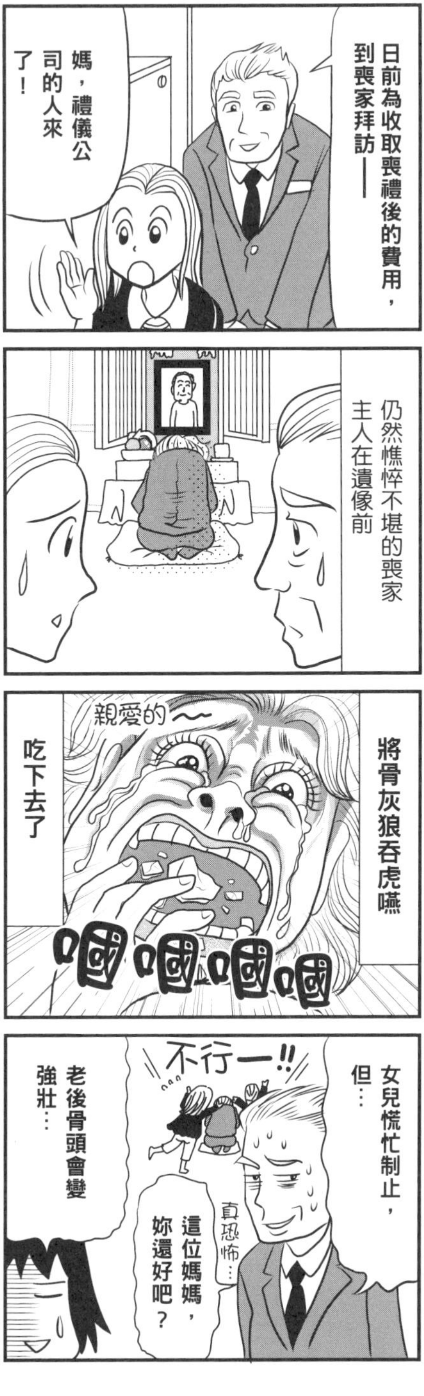

日前為收取喪禮後的費用，到喪家拜訪——
媽，禮儀公司的人來了！
仍然憔悴不堪的喪家主人在遺像前
將骨灰狼吞虎嚥
親愛的～
吃下去了
嘓嘓嘓嘓
女兒慌忙制止，但…
不行—!!
真恐怖…
這位媽媽，妳還好吧？
老後骨頭會變強壯…

因此，我不是有言在先了…

以前將寫有這樣的紙
守靈 ○日○時
忌中
於 ○○会館
告別式 ○日○時～
貼在喪宅門口
這是貼在家裡有人往生的「忌中紙」
最近已經不貼了，原因是
「喪禮小偷」會進入
忌中
因辦喪禮而不在家
生活困苦嗎……
因此，在市中心不建議貼…
日前，這位顧客
大致上——
我想貼在靠近住家這邊！
果不出所料，在喪禮中
遭小偷了!!
如果只是這樣就還好，但…
會遭小偷都是因為那張忌中紙的關係
是將那張紙交給我的禮儀公司的關係…
要扣掉損失的金額!!
咦—
!?
欸嘿♥
禮儀公司不可能降價…
要怎麼說呢，非常不幸…
首先，請容我表示遺憾之意

是這樣…

臨終告別之際，禮儀公司的人說
即使已經死亡，但還是聽得到
請和媽媽告別
媽，謝謝
請安息…
但這個人不同意…
啥？你在胡說什麼
這樣說有何根據？
他是醫生…
對不起
根據生物學嗎!!
死人不需要醫生…
以送別親人的心情才會這麼說的…

拜託!!

故事裡面常出現的場景
在教會門前…
這個嘛…
哇哇哇—
是嬰兒！
請撫養
真實的故事…
在寺院門前
哦？
骨灰…
從搖籃到墳墓生活困苦
買不起墳墓……
請為死者祭拜

死者有誤!?

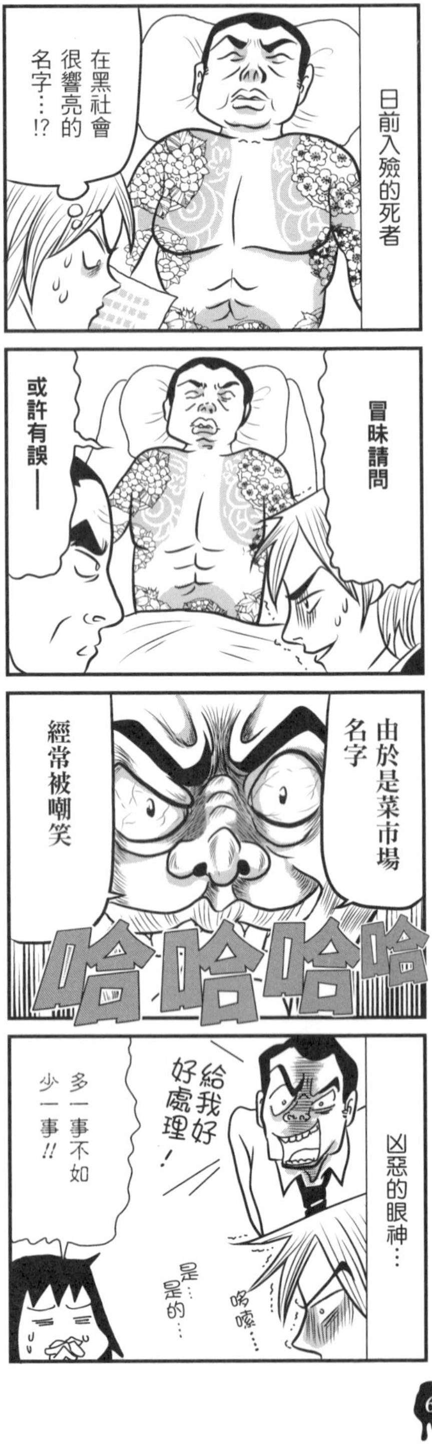

日前入殮的死者
在黑社會很響亮的名字…!?
冒昧請問
或許有誤——
由於是菜市場名字
經常被嘲笑
哈哈哈哈
凶惡的眼神…
給我好好處理!
多一事不如少一事!!
是…是的…
嗚嚎…

因為這時

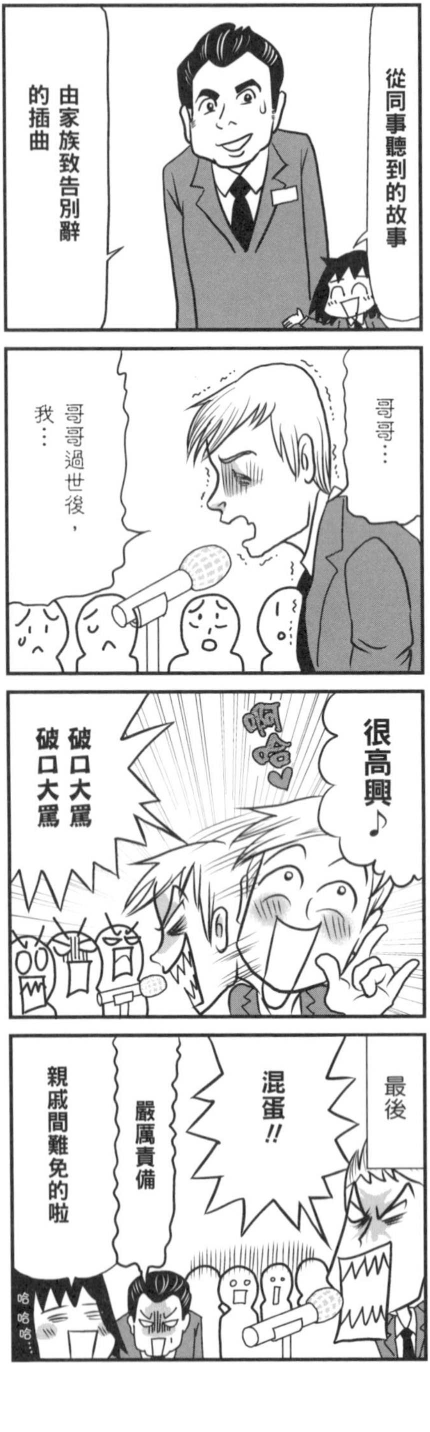

從同事聽到的故事
由家族致告別辭的插曲
哥哥…
哥哥過世後，我…
很高興♪
啊哈♥
破口大罵
破口大罵
最後
混蛋!!
嚴厲責備
親戚間難免的啦
哈哈哈…

死後來電？

最近「終活（臨終活動的簡稱，為了迎接人生終點所進行的準備活動）」蔚為風潮，詢問殯葬的生前契約增加了不少
日前也接到這樣的電話
是的…
我就是所謂的一匹孤狼
沒結婚
沒親人
在自己家裡若突然死掉時要如何處理!?
沒問題
這時警察會…
原來如此，先報警
之後在醫院解剖吧
點頭。。。
然後往喪禮的會場…
那麼，什麼時間點打電話通知你們呢？
死了以後打電話給你們就好了，對吧
瞭解
到時我會打電話給你們
嘆氣
謝謝
喀洽
誰打來的電話？
所謂的一匹孤狼
各位似乎還沒有想過死後的事吧
大家都想要長生不老!!
因是處女體驗嘛
流血的話請原諒♥

所謂認真生活…

罹患癌症，來日不多的父親與行動不便的母親
靠兒子1人支撐照顧
20代
某天早上，母親發現時
啊，你!?
死了…
不是父親，而是兒子…
死因是心肌梗塞
黃泉路上無分老少…
不接受生活保護，憑著自力生活是兒子的信念
這是兒子留下僅有的一點錢，請幫忙辦理後事…
——5萬日圓
這次就勉為其難了…
沒有地方政府的援助…
連行動電話都沒有
為了照顧雙親，不停工作的人生——
——你人生快樂嗎…
流淚……
神或許會對他說：「已經可以了」…

Q 請問迄今處理過感到棘手的遺體是什麼？

A

有關水流屍、腐爛屍體方面，大多因腐爛到某種程度以上，實在難以處理而無法讓家屬接觸或見最後一面。此外，這些遺體的特徵是很快就會腐爛到一定以上的狀態。腐爛到這種程度的遺體要裝入稱為「裝屍袋」的袋子（以厚塑膠製成，如睡袋一般）。為避免腐爛液體、血液及蛆等流出，需以2層或3層塑膠袋重疊細心地裝入。以前曾發生過這種事。

●從事勞務派遣工作的年輕女性

由於一整個月全無音訊，住在鄉下擔心的父母親特地前往探望。很遺憾的，女兒已經死亡，也腐爛得很嚴重。一開始腐爛，體內就會產生氣體，身體因而膨脹起來。腐爛後已非生前的樣貌，形成不像人樣的腐爛肉塊。當場目睹這般慘不忍睹的遺體時，感受到遺體似乎在訴說著—「請勿將這種慘狀暴露在家屬面前，儘快火葬」。這次的女性也是這種狀態。

由於是仲夏，蛆大量湧出。整個臉部被蛆覆蓋，本來應是收納眼球的眼窩化為蛆的泳池。希望看到最後一面的父親一看到這種樣子馬上說：「拜託！花多少錢都沒關係，請讓她變漂亮一點，將蛆全部清除」。我告訴這位父親，由於蛆為了攝取營養，已深入身體內部，要全部清除實在有困難，因而約定盡最大努力，能取出就儘量取出。用湯罐(※1)將全身的蛆洗掉，再用藥劑洗淨。大概仍有很多蛆潛伏在體內，由於洗淨後的外貌似乎已經平穩下來，因而用填塞物將全身所有的孔穴全部塞住，將蛆封閉在體內。之後用吸水墊包裹全身，再用繃帶由上往下層層圍繞成木乃伊狀。亡者所穿的衣服因身體腐敗膨脹已不合身，因而幫她穿上浴衣。雖然時間短暫，但這對親子已可握握手，撫摸臉頰，正式道別。

且說感到棘手的遺體，依序第1位是因鐵路事故而損傷的遺體，大多是連內臟都飛出來，甚至連身體部位也難以辨別。第2位是高度腐爛的遺體，腐爛液體、蛆及惡臭難聞無比。第3位是水流屍。偶而會有活的魚或蟹跑出來，讓人嚇一大跳。這些遺體大部分都會裝入裝屍袋。嚴重損傷的遺體在處理上很大費周章，各位讀者應該多少會瞭解一些了。

※1　用洗澡水清洗亡者的身體。

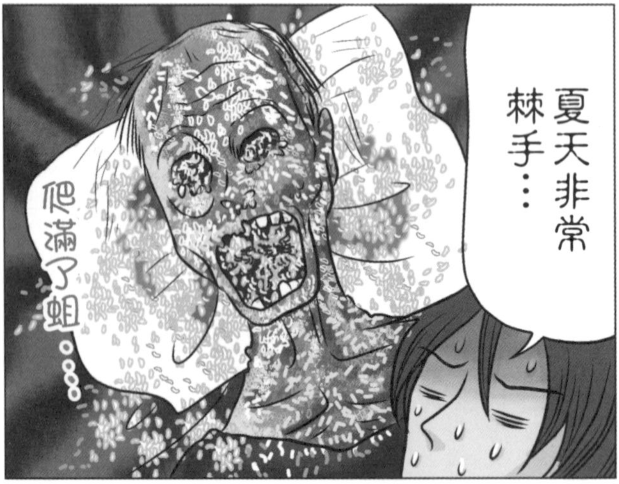

夏天的腳步近了…

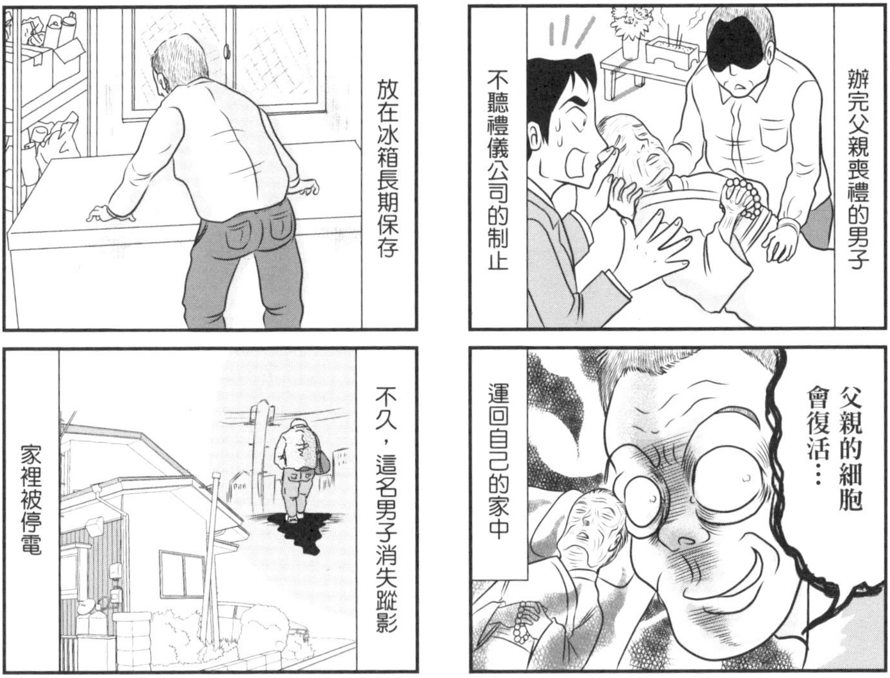
辦完父親喪禮的男子
不聽禮儀公司的制止
父親的細胞會復活…
運回自己的家中
放在冰箱長期保存
不久，這名男子消失蹤影
家裡被停電

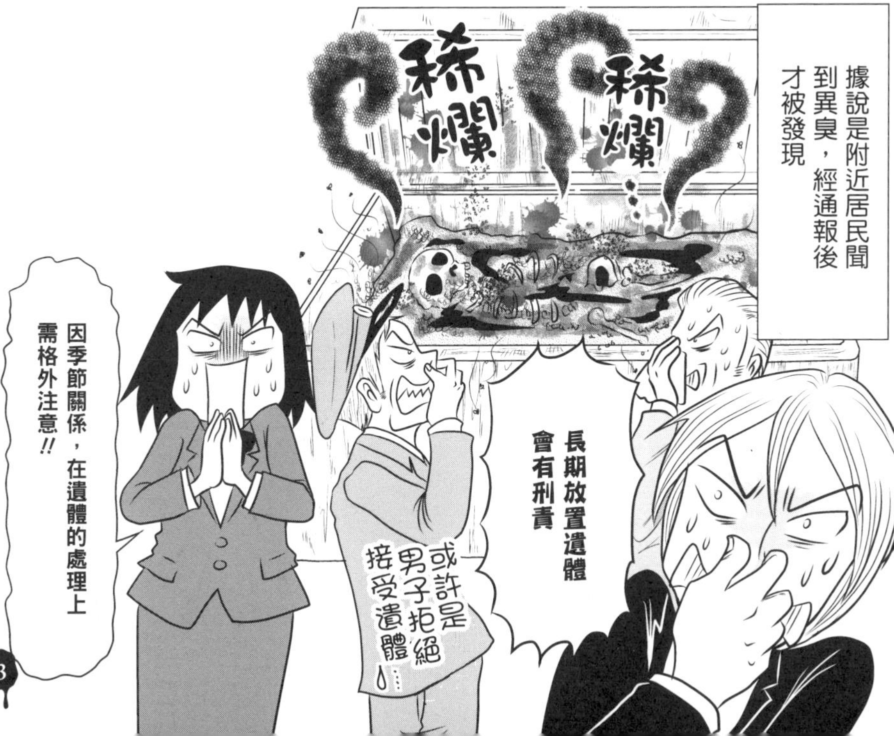
據說是附近居民聞到異臭，經通報後才被發現
稀爛
稀爛…
長期放置遺體會有刑責
或許是男子拒絕接受遺體…
因季節關係，在遺體的處理上需格外注意!!

長壽？

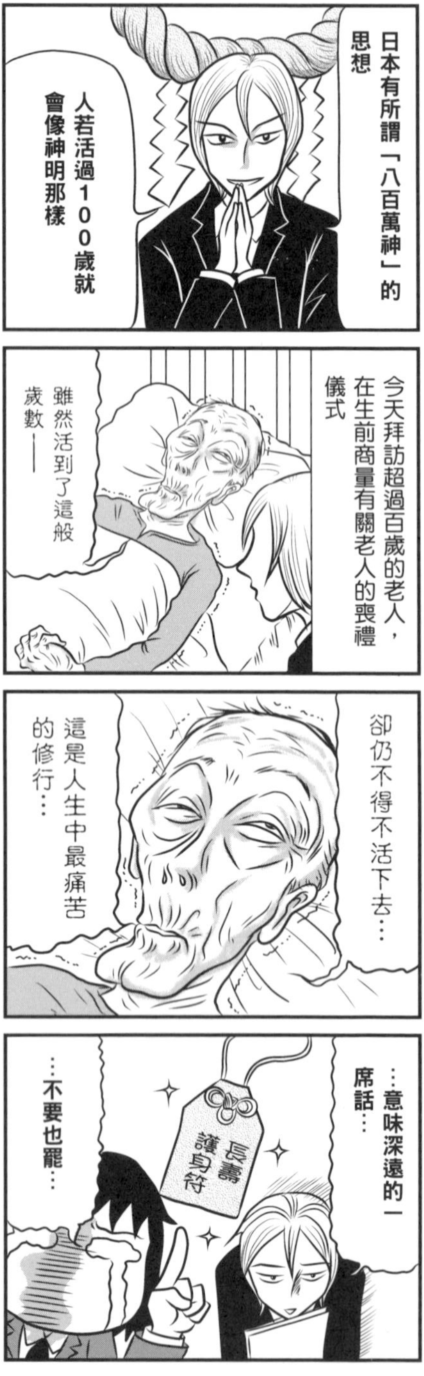
日本有所謂「八百萬神」的思想
人若活過100歲就會像神明那樣
今天拜訪超過百歲的老人，在生前商量有關老人的喪禮儀式
雖然活到了這般歲數——
卻仍不得不活下去……
這是人生中最痛苦的修行……
……意味深遠的一席話……
……不要也罷……
長壽
護身符

再待1天

在人臨終之際經常聽到的故事
接到父親病危的電話通知
從遠方回家探視老父
好像沒問題
那麼，因為我明天還要上班
才剛回到家就接到父親往生的消息
我現在才剛到家……!?
看到兒子後就放心走掉吧
從遠方回家探視病危的親人時，建議在旁邊再待1天。
啊，我的父親也是在我回家後就往生的
對對

↑取消飛機班次，進行最後看護。

還沒死嗎…!?

將遺體運往距市區遙遠的鄉下
到達村子入口時有一座祠
莊重
宛如在監視著侵入者…
到達喪宅，要將遺體的頭朝北方躺臥時
喂
死人的頭才朝北方!!
還不快點讓他頭朝南面躺下!!
與死人不一樣!!
是…是的
要放入乾冰時
這樣病人會冷啊，不要放!!
村人似乎都認為這遺體
爺爺不冷嗎？
喝水喔…
還活著…
不…或許舉行某些儀式
可讓死者起死回生嗎…!?
ゾゾゾッ……
——以上是開玩笑的，但
這讓我想起像這種所謂的地方習俗，還滿有趣的☆
什…什麼，這是以前的風俗習慣啊…

坐吃山空

家父的喪禮想要委託你…
衣衫襤褸~
搖搖晃晃~
唔…
這個人負得起喪葬費嗎——？
這樣想著，到喪家去拜訪
這是大豪宅啊!!
有游泳池與網球場
不過，是幽靈公館!!
即將腐爛的遺體
嗡
便宜的禮儀公司真難找——
想要在親戚面前辦一場豪華的喪禮，但錢…
家父是這附近的名人…~
一瞥…
似乎將父親的遺產花光了的感覺…
無論如何，先做腐爛處理吧
再不處理的話會很糟糕!!
將遺體放入棺中
呼…
後續拜託處理
達成協議，大致平安地辦完喪事
有什麼差錯的話，或許會觸犯遺棄屍體罪
人生百態，喪禮也各式各樣…

愛與憎

之前的案子很糟糕
悄悄…
現任妻子與前妻交惡
不對外公開的守靈晚上，前妻──
哼哼哼…
讓我見他一面…
為何洩漏出去!?
似乎是醫院的人洩漏出去的
友人
今天死亡了，在靈堂…
え…
但這是現任妻子的希望
當天就被換到別家殯葬業者…
客人被搶走了…
在別家業者的會場舉辦了…
與午間電視連續劇不相上下！

體貼的小偷

亡者的工作用公寓
似乎有喪禮小偷潛入!!
而且與進入屋內的太太碰個正著
好恐怖──
啊
沒問題嗎!?
啊
情趣用品
打契約的SM女王很貼心但犯了偷竊罪…
我想說被發現的話就麻煩了……
湮滅證據
體貼的女王(小偷)
只差一點點，好可惜!!

真正的敵人…

長年待在這業界感到最陰狠的就是
親屬
對於老先生的喪禮，喪家的主人是長男
我靠著年金生活…
請安排樸素的家族葬禮——
好的…
從都市返鄉的姊妹們登場
什——麼，真小氣喔——
老爸會哭!?
將祭壇升級UP
在小會場放不下這祭壇…
委婉拒絕
那麼，換成大會場！
升級UP!?
食物也可享用特級上等套餐
等等，那是…
菜單
這是與老爸最後的告別耶!!
這樣有面子嗎
但付錢的人是我啊
家族不用出錢
這是常識吧!~
你真沒良心~
只出一張嘴的家人——
——奠儀1萬圓…
欸？
真的!!
葬儀是源自爭儀（日語葬儀與爭儀兩者同音）！

消費稅UP…

消費稅從2014年4月起開始提高了
8%←5%
喪禮也適用開始施行日的稅率
3月時來詢問的客人
親人雖然病危，但
即便現在申請也不能適用5%稅率了吧～
遺憾…
那麼是不是讓他在3月中往生！
莫非喪禮也有緊急處理的需求…
錢斷情亦斷…
只差幾萬而已…

從死者身上學習

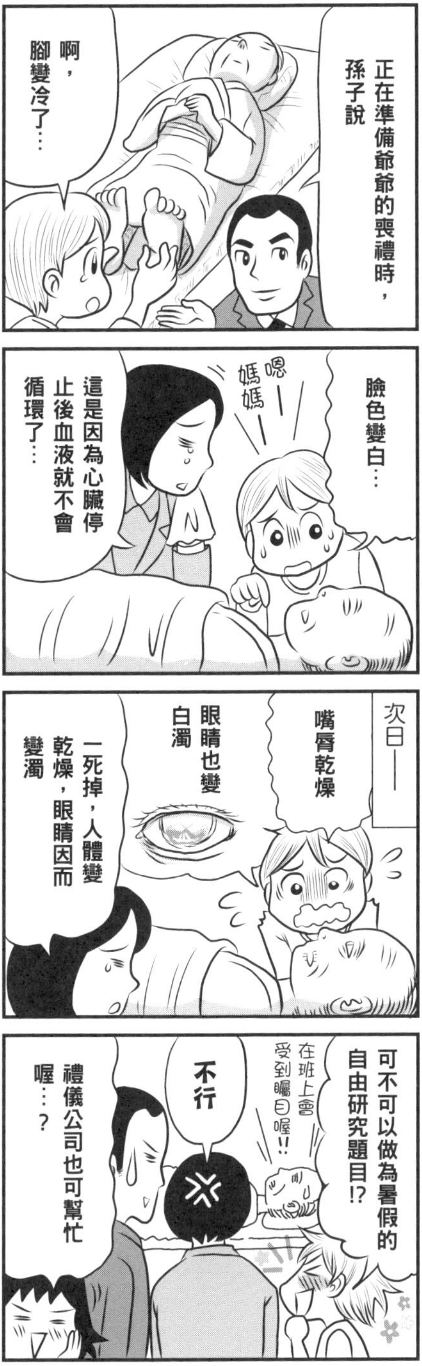
正在準備爺爺的喪禮時，孫子說
啊，腳變冷了…
臉色變白…
嗯—媽媽—
這是因為心臟停止後血液就不會循環了…
次日——
嘴唇乾燥
眼睛也變白濁
一死掉，人體變乾燥，眼睛因而變濁
可不可以做為暑假的自由研究題目!?
在班上會受到矚目喔!!
不行
禮儀公司也可幫忙喔…？

夏天煙火

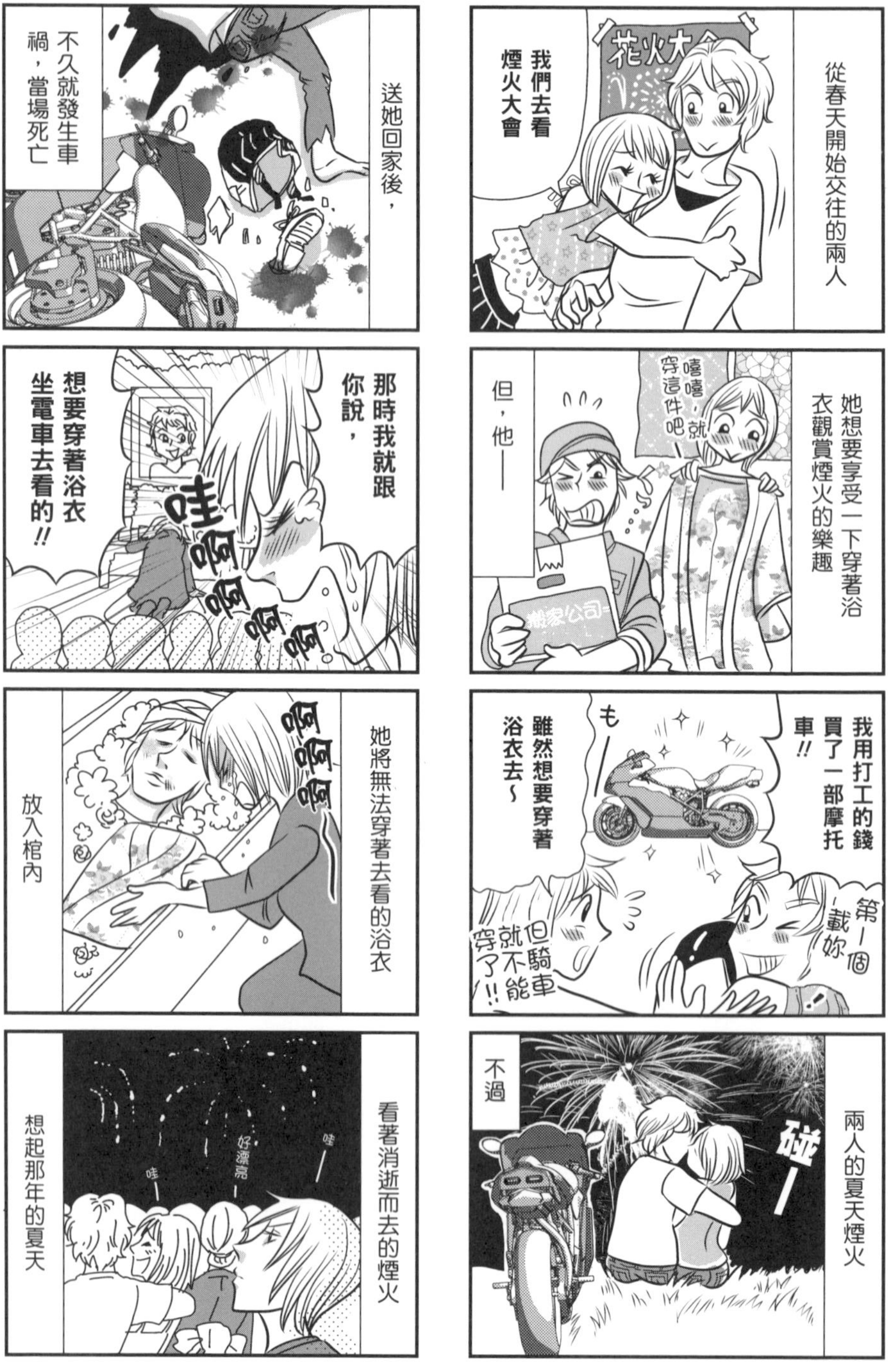
從春天開始交往的兩人
花火大会
我們去看煙火大會
她想要享受一下穿著浴衣觀賞煙火的樂趣
嘻嘻，就穿這件吧
但，他──
搬家公司
我用打工的錢買了一部摩托車!!
も─
雖然想要穿著浴衣去～
第一個載妳
但騎車就不能穿了!!
兩人的夏天煙火
不過
碰─
送她回家後，
不久就發生車禍，當場死亡
那時我就跟你說，
想要穿著浴衣坐電車去看的!!
哇啊啊啊啊啊
她將無法穿著去看的浴衣
放入棺內
啊啊啊
看著消逝而去的煙火
想起那年的夏天
哇─
好漂亮─
哇

冥界旅行見聞

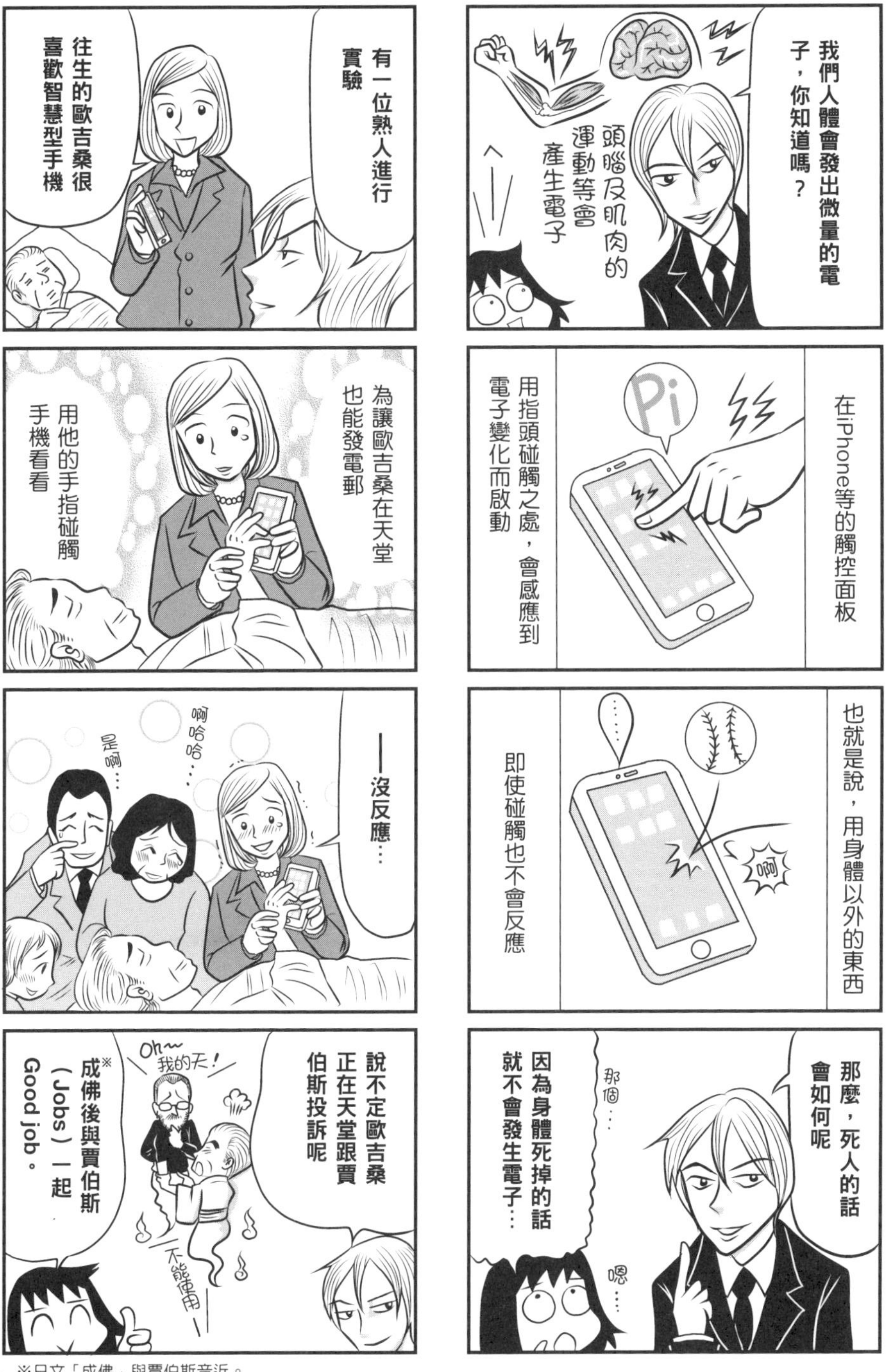

我們人體會發出微量的電子，你知道嗎？
頭腦及肌肉的運動等會產生電子
在iPhone等的觸控面板
Pi
用指頭碰觸之處，會感應到電子變化而啟動
也就是說，用身體以外的東西
……
啊
即使碰觸也不會反應
那麼，死人的話會如何呢
那個…
因為身體死掉的話就不會發生電子…
嗯…
有一位熟人進行實驗
往生的歐吉桑很喜歡智慧型手機
為讓歐吉桑在天堂也能發電郵
用他的手指碰觸手機看看
——沒反應…
啊哈哈…
是啊…
說不定歐吉桑正在天堂跟賈伯斯投訴呢
Oh~我的天！
不能使用
※成佛後與賈伯斯（Jobs）一起Good job。

※日文「成佛」與賈伯斯音近。

現代日語

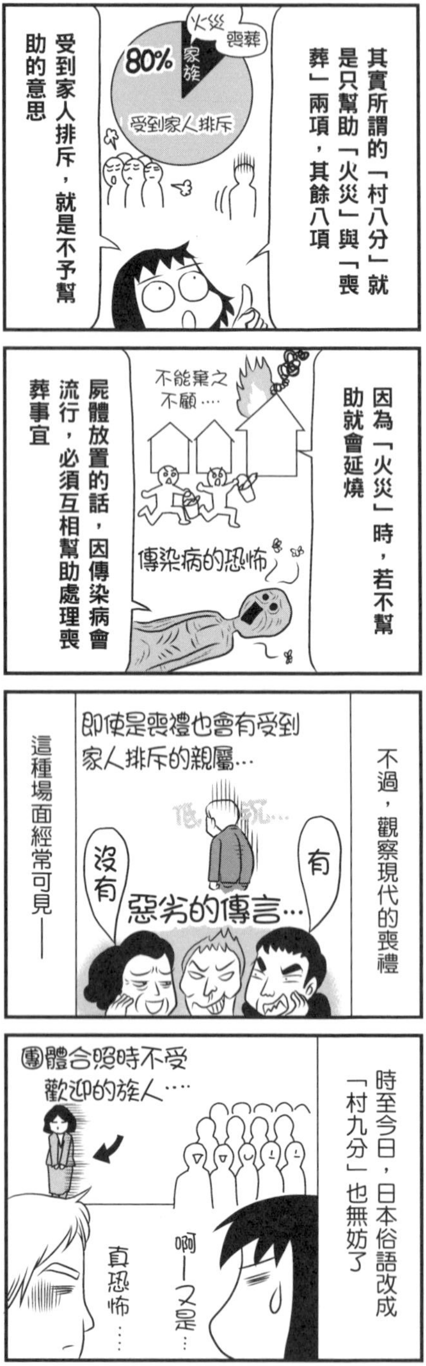
其實所謂的「村八分」就是只幫助「火災」與「喪葬」兩項，其餘八項
火災
喪葬
80%
家族
受到家人排斥
受到家人排斥，就是不予幫助的意思
因為「火災」時，若不幫助就會延燒
不能棄之不顧….
屍體放置的話，因傳染病會流行，必須互相幫助處理喪葬事宜
傳染病的恐怖
不過，觀察現代的喪禮
即使是喪禮也會有受到家人排斥的親屬…
有
沒有
惡劣的傳言…
這種場面經常可見——
時至今日，日本俗語改成「村九分」也無妨了
團體合照時不受歡迎的族人….
啊—又是…
真恐怖…

奇蹟!?

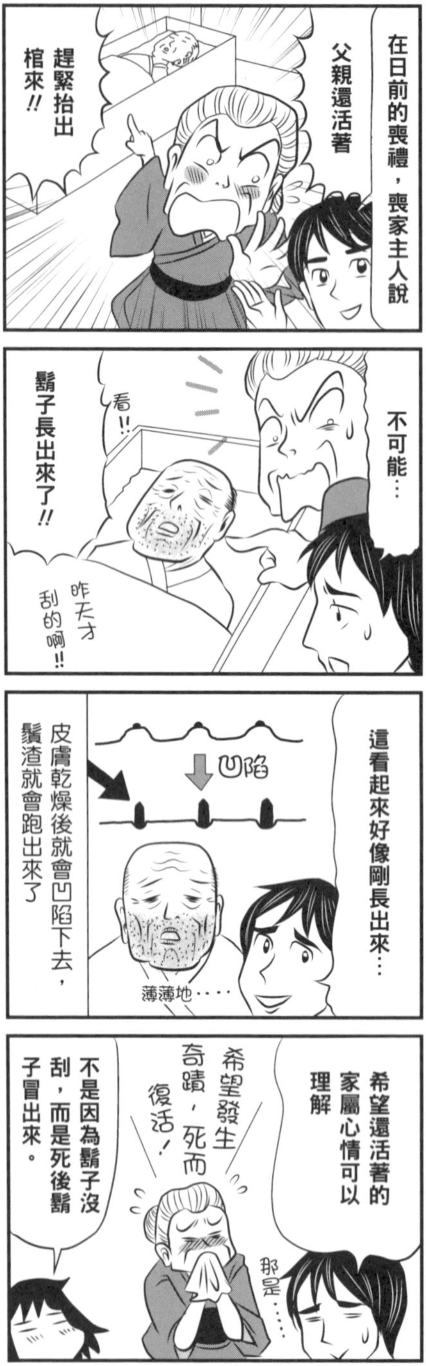
在日前的喪禮，喪家主人說
父親還活著
趕緊抬出棺來!!
不可能…
看!!
鬍子長出來了!!
昨天才刮的啊!!
這看起來好像剛長出來…
凹陷
皮膚乾燥後就會凹陷下去，鬍渣就會跑出來了
薄薄地….
希望還活著的家屬心情可以理解
那是…
希望發生奇蹟，死而復活!
不是因為鬍子沒刮，而是死後鬍子冒出來。

骨灰你儂我儂

「孤單一人」無祭拜者
放棄骨灰的人請記得填寫申請書
沒有墳墓等…
在「放棄火葬骨灰申請書」上簽名，就可將骨灰放入規定的公墓中
沙
不過，需與他人的骨灰混在一起…
日前有位顧客說要放棄骨灰
無法退回喔
簽名
好的…
不過，事後另一親人跑來
請退還骨灰!!
等等!
即使對她解釋了，仍不講理
爭吵
爭吵
拼命
在公墓中揀選骨灰
大概在這邊吧？
カシャ
カシャ
將骨灰返還
大致上找到的…
唔…
好…
能做的都做了…
這會是來歷不明的骨灰嗎？
若認為將在冥界旅行的朋友也一起帶回來的話…
很高興祭拜各位…
唉……

流淚的原因

女兒的結婚典禮
撒—！
恭喜——
淚流滿面的新娘父母
2人都在哭泣～
哭得太誇張了!!
爺爺和奶奶呢？
爺爺發燒了…
對了，我們就買些可讓爺爺恢復健康的禮物回來!!
這樣說後，隔天就去度蜜月了

其實是新娘的祖父母在去參加結婚典禮的途中
車禍身亡
新娘父母隱忍不說，淚流滿面仍要強顏歡笑
不知前來參加婚禮的2位親人已經往生
跟爺爺奶奶買情人裝♥
好看啊
快樂度蜜月
回來當天才知道——
回來了——

Q 受警察委託處理遺體的過程如何呢？

A

首先，警察會介入調查死因的屍體，稱為「異常屍體」。或許有人光聽到異常屍體就會聯想到涉及某種嚴重程度的重大案件，以致呈現異常狀態的遺體。因此，因病在醫院接受診療，不治病故的遺體稱為「普通屍體」，除此之外致死的遺體均稱為「異常屍體」。

在家中突然倒斃、上吊自殺、因災害死亡、交通事故死亡、男女關係的糾紛情殺…，這些全屬於異常屍體。經常發生的案件為：在家中倒下後，在救護車運送中死亡者、或已送至醫院急診處，但仍未甦醒而死亡者、以救護車運送至醫院，但於24小時內死亡者…這類案件也大多以異常屍體處理。

如何處理異常屍體呢？禮儀公司如何參與處理呢，以下詳加介紹。發現異常屍體時必須立即通報警察。到達現場的警察對異常屍體進行篩選檢查，確認現場狀況，並蒐集確認有無可疑事件的資訊，進而判斷這具遺體是屬於「犯罪屍體」、「非犯罪屍體」或「可疑屍體」中的哪一種。

例如，家中信箱塞滿報紙且有遺書者、有精神科的處方箋者—由狀況判斷，自殺的可能性很高…像這類案件可判斷為「非犯罪屍體」。

所謂的「可疑屍體」是，若未再詳加檢視，無法判別是犯罪屍體或非犯罪屍體，這種遺體稱之。在這時點若可判斷是「非犯罪屍體」及「可疑屍體」時，在現場進行醫生在場的原先之「檢視」。此時所進行的檢視為，量取直腸的屍體溫度、檢查死後僵直的狀態、屍斑的出現方式及查明大約的死亡時間。經過檢視後區別可疑屍體是屬於犯罪屍體或非犯罪屍體中的何者。

之後，遺體被運至公立醫院，進行正式的「驗屍」。運送屍體的是禮儀公司的工作，但若是犯罪屍體時則必須由警方運送。不可將犯罪證據的遺體交由民間處理。

之後犯罪屍體直至解剖完畢均只能由警方處理。

對於異常屍體的處理，禮儀公司與警察一樣均須24小時待命。現場警察直接打電話到禮儀公司，會有像這段的對話。「在○○區○○町○○都營團地4樓402室，已完成驗屍，請來領取。無電梯、死者身體嚴重腐爛且很沉重」…也就是說，現在開始必須將腐爛的遺體從四樓搬下來。

進行「檢視」的工作，包括屍體在內，需檢查現場的狀況。「驗屍」則是調查屍體的狀況。與現場進行的檢視不一樣，驗屍必須由司法警察官與法醫進行解剖。將現場搬運過來的遺體放在解剖台上，進行解剖的準備。量取身高、體重，以及準備解剖器具等都是禮儀公司的工作。很久以前，禮儀公司的職員也可擔任解剖的助手因而造成問題。老前輩曾敘述有關取出心臟或頭腦時的輝煌戰績。

欲解剖非犯罪屍體時，警方必須取得經家屬署名的「解剖同意書」。不過，設有法醫制度的大都市，即使家屬拒絕解剖，法醫仍可強制解剖，此稱為「行政解剖」。

對於非犯罪屍體為何要進行解剖呢？這被認為這是為了查明死因與公眾衛生、死者及家屬權利的適切處置，但為了不錯過犯罪屍體，這同時也是最後一道防線。

另一方面，對犯罪屍體所進行的解剖，稱為「司法解剖」。在現場若被判斷為犯罪屍體時，須經現場勘驗、現場測繪相關方位，進行司法解剖。這情節和戲劇及電影相同，各位可想像得出這種場景。

不論是行政解剖或司法解剖，均必須於解剖完畢後清洗滿是血跡的遺體，以及各項死後處理，這都是禮儀公司的工作。順便一提，住院患者死亡，為查明死因、病灶及組織的確認，也有進行解剖的情形，此稱為「病理解剖」。

即便學會這些知識，也只是在親人往生時才派得上用場。

母親

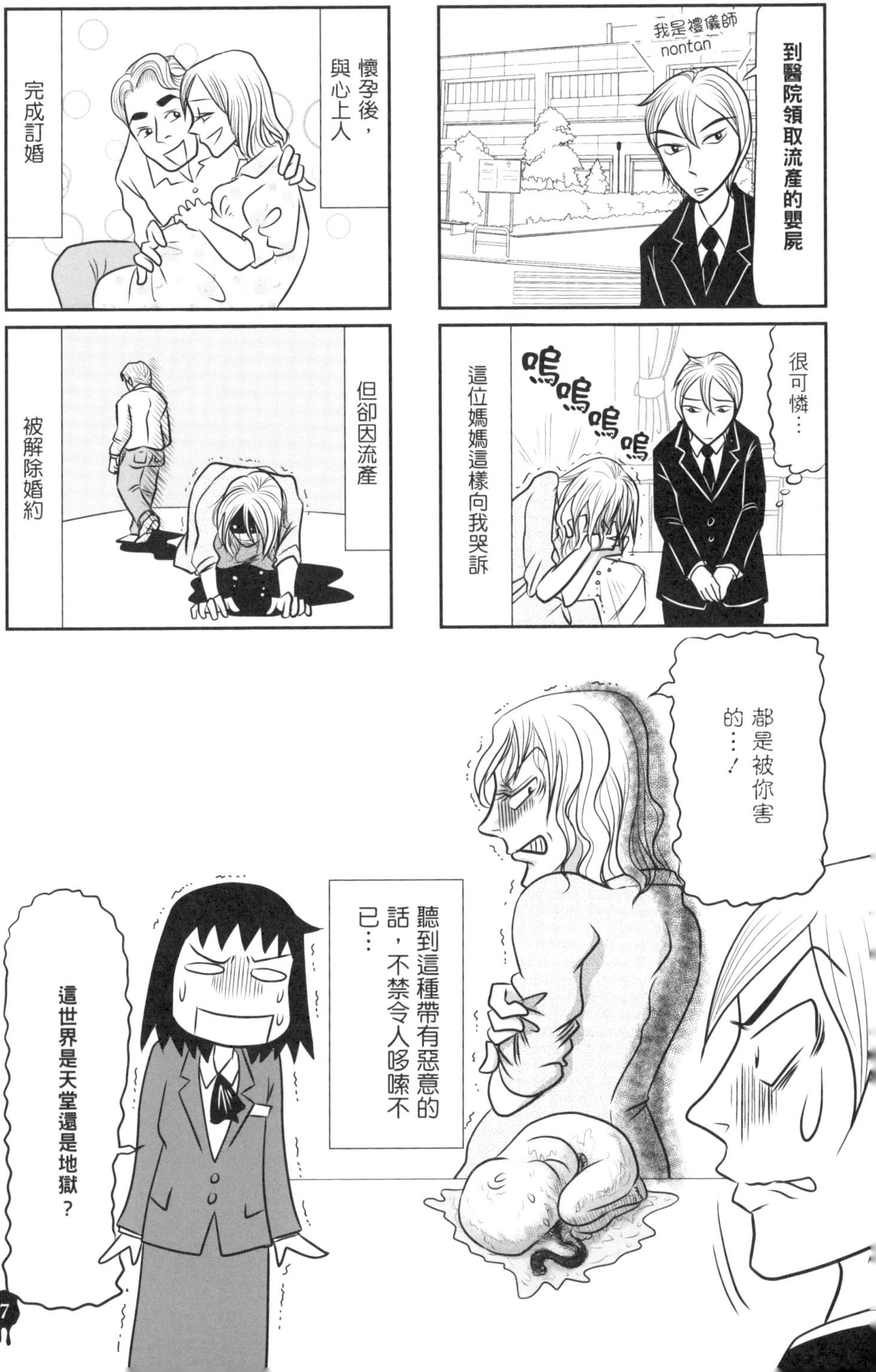
到醫院領取流產的嬰屍
我是禮儀師 nontan
很可憐…
嗚嗚嗚嗚
這位媽媽這樣向我哭訴
懷孕後，與心上人
完成訂婚
但卻因流產
被解除婚約
都是被你害的…！
聽到這種帶有惡意的話，不禁令人哆嗦不已…
這世界是天堂還是地獄？

黑道真囂張

老大的喪禮煞費周章
這些花卉是放在上面吧!!
即便只是一字一句的錯誤
第○代目○○組
○代目○○組会
律師甚至會出來要求鉅額賠償
在禮儀公司也有負責喪禮的黑道
老練指揮者
那個會場不合適…
為什麼？
會場要設在方便的地方
到會場來的也是黑道的人吧
加長型勞斯萊斯停了好幾部
沒人敢抱怨…
國道大塞車
有輛摩托車想要超車
砰
開什麼玩笑!
哇啊
差點喪禮就要增加了
真是辛苦了…
哈——
果然很辛苦

黑道VS警察

黑道的喪禮
警察也出動了
警視庁
POLICE
這是為了確保周圍的安全
嗶
真嚇人……
喀擦
有時也會從遠處
一個一個拍照攝影
在做什麼？
那是……
在搜尋通緝犯
實際上在喪禮中逮人也滿多的
後門
後面已經加強防守了
穿著喪服被帶走的場景
大哥—
加油—
總覺得好帥
等你喔—
好!!
檢察官的心證似乎變好了，幸運吧
穿著喪服被逮，比穿這樣
還要好些吧……
氣場!!
某方面的幸運？

春天較多發生…

我負責因心肌梗塞猝死的某父親喪禮工作
因為事發突然，全家人都不知所措
・・・・・・・
特別是女兒連喪禮都沒出現
大概非常震驚吧…
之後打聽起來，聽說是在情婦家裡馬上風…
我非常討厭爸爸!!
心肌梗塞這名稱…
非常震撼啊…
——成為同事之間茶餘飯後的熱門話題
共同感到有趣的話題
我也聽說
我聽到的也是！
馬上風就是死在情婦的身上！
啊〜
據說若和太太的話就不會猝死！
大家都要注意，需發散精力發散精力!!
這太太似乎嚇死了…

你也來吧

從超市回家的媽媽
難道…
嗚~
嗶—
嗶—
嗶啵…
據說有不妙的預感
果然是我兒子!!
在這裡被電車輾到的次男—
其實長男就是在這平交道自殺
哥哥!!
之前先生也病死了
據說次男因憂鬱症而悶居家中
進入次男的房間一看—
就如同一般男生的房間
不過，從面對軌道的窗戶往外看
卡啦
轟隆
卡啦
轟隆
哥哥自殺的平交道聲音
有如咒語一般
卡啦
轟隆
嗚哇哇哇哇
你也~
過來吧~
回響著—!!
我不認為住在那房間會改善憂鬱症
我辦過她先生與兩個兒子的喪禮，希望不要再和那一家人碰面
請安息…

自殺且慢！

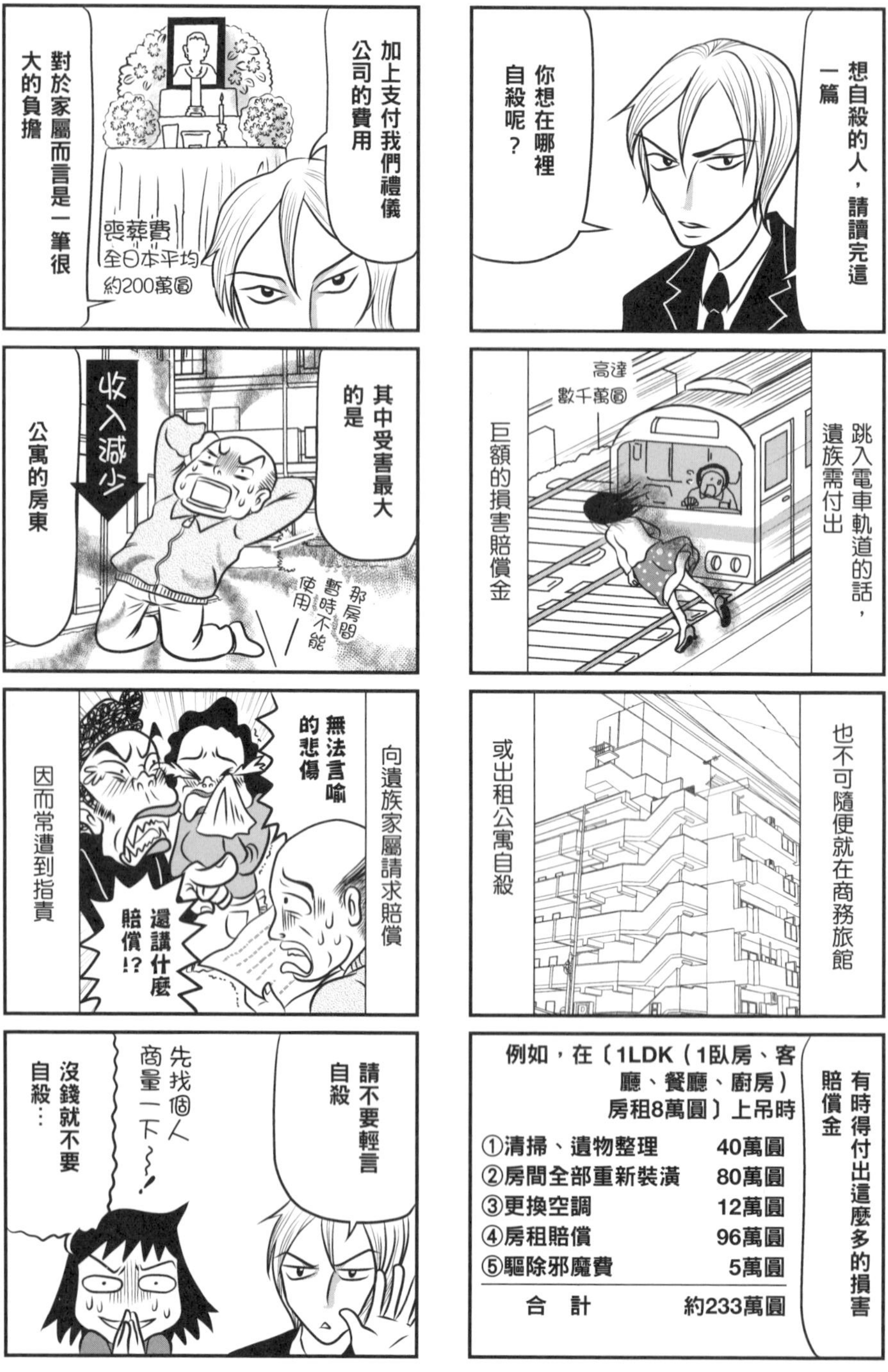

想自殺的人，請讀完這一篇
你想在哪裡自殺呢？
跳入電車軌道的話，遺族需付出
高達數千萬圓
巨額的損害賠償金
也不可隨便就在商務旅館
或出租公寓自殺
有時得付出這麼多的損害賠償金
例如，在〔1LDK（1臥房、客廳、餐廳、廚房）房租8萬圓〕上吊時
①清掃、遺物整理 40萬圓
②房間全部重新裝潢 80萬圓
③更換空調 12萬圓
④房租賠償 96萬圓
⑤驅除邪魔費 5萬圓
合 計 約233萬圓
加上支付我們禮儀公司的費用
喪葬費 全日本平均 約200萬圓
對於家屬而言是一筆很大的負擔
其中受害最大的是
收入減少
那房間暫時不能使用
公寓的房東
向遺族家屬請求賠償
無法言喻的悲傷
還講什麼賠償!?
因而常遭到指責
請不要輕言自殺
先找個人商量一下~~!
沒錢就不要自殺…

父母親的工作

迎接新的生命
前往這個理應是幸福家庭居住的場所
遭到白眼……
死亡的是剛出生沒多久的嬰兒
即便是我，遇到這工作也……
這次我並未將嬰兒入殮
這是乾冰與棺木
取代在世時的哺乳及換尿布
現在用這乾冰代替
做為父母親，請為孩子做最後這件事
哇啊啊啊啊……
喪禮也是接受人體死亡的一項作業
我沒當過父親，實在沒資格說這事
講得好像很了不起，對不起了……
父母親的心與喪禮都很深奧……

漂亮的DEATH

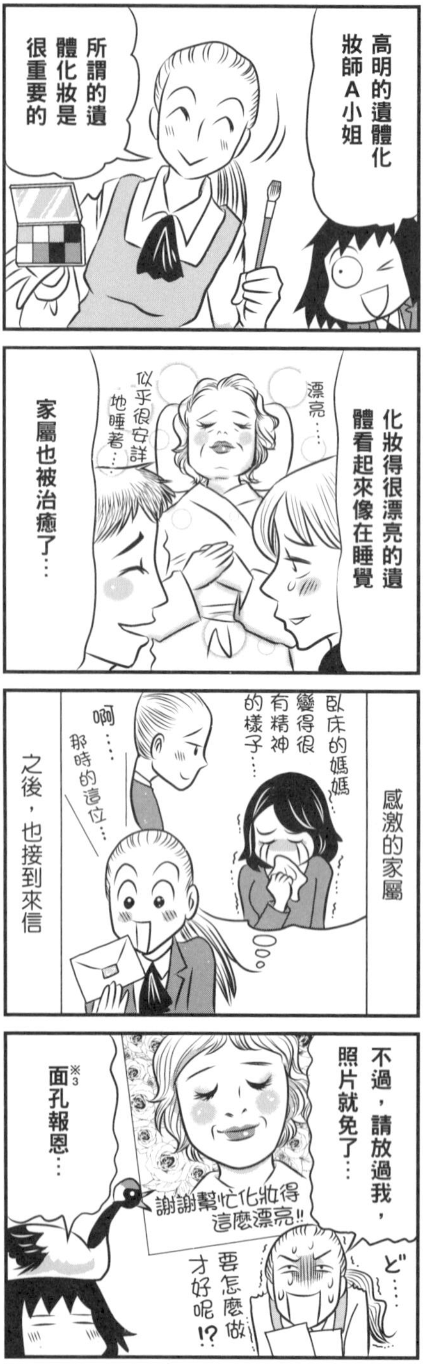
高明的遺體化妝師A小姐
所謂的遺體化妝是很重要的
化妝得很漂亮的遺體看起來像在睡覺
漂亮……
似乎很安詳地睡著……
家屬也被治癒了……
感激的家屬
臥床的媽媽變得很有精神的樣子……
啊……那時的這位……
之後，也接到來信
不過，請放過我，照片就免了……
謝謝幫忙化妝得這麼漂亮!!
ど……
要怎麼做才好呢!?
※3 面孔報恩……

※3　本為白鶴報恩，日語面與鶴音近

喪禮時一起歡樂!?

在舉行葬禮的場所也設有遺族家屬可住宿的設施
這種情形時，禮儀公司職員也要從事旅館業務的工作
房間的準備
舒適的環境等…
在喪禮中處理
鋪好棉被
清掃房間
保險套
呀
啊啊啊
人類在悲傷中也可作樂!!
這裡並不是愛情賓館!!
※1 通夜並非 ※2 濡夜狂歡

※1　徹夜守靈

※2　與通夜同音，男女發生關係之意

地獄的傳說

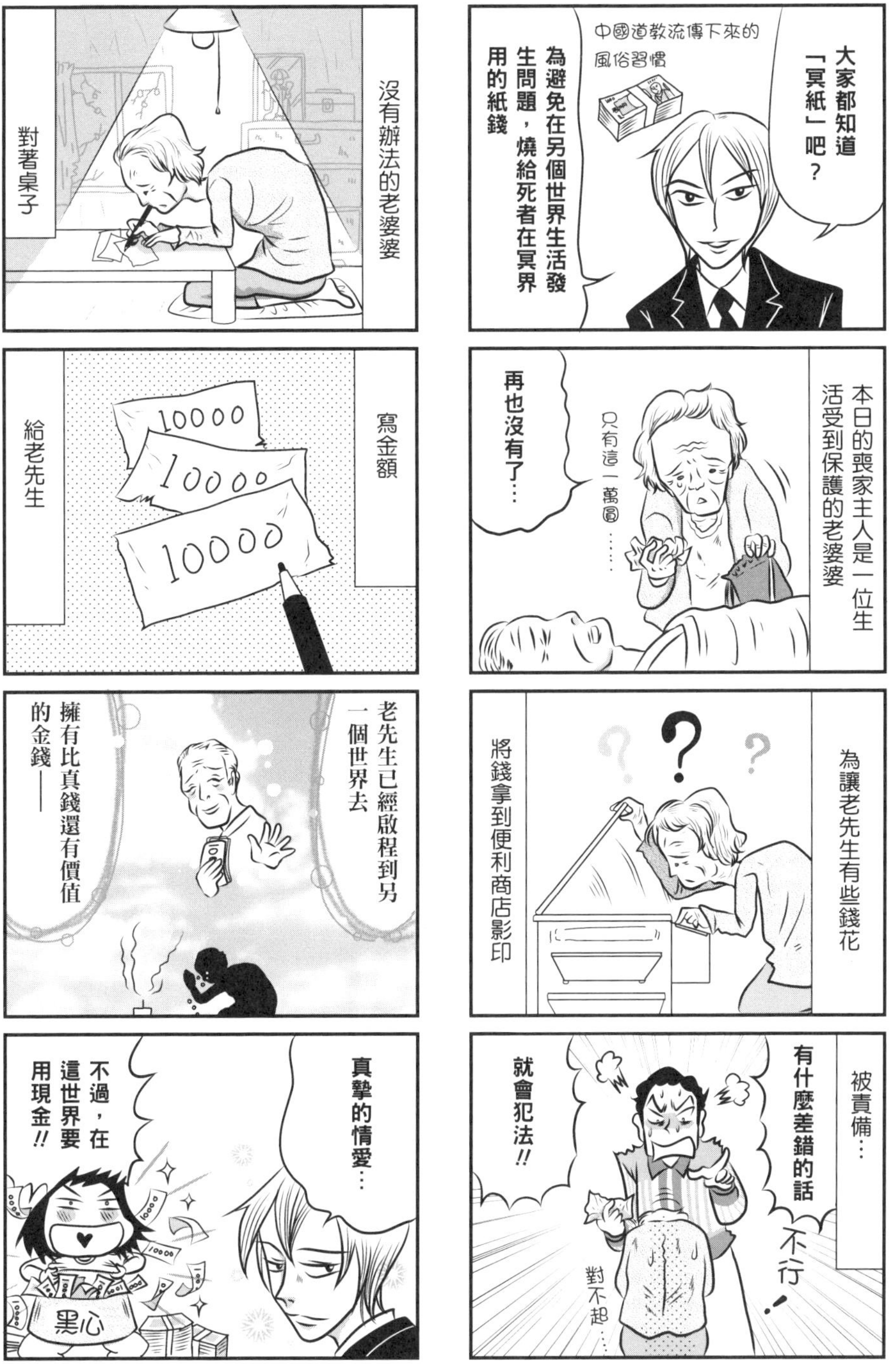
大家都知道「冥紙」吧？
中國道教流傳下來的風俗習慣
為避免在另個世界生活發生問題，燒給死者在冥界用的紙錢
本日的喪家主人是一位生活受到保護的老婆婆
只有這一萬圓……
再也沒有了……
為讓老先生有些錢花
將錢拿到便利商店影印
被責備……
有什麼差錯的話
就會犯法!!
不行!
對不起……
沒有辦法的老婆婆
對著桌子
寫金額
10000
10000
10000
給老先生
老先生已經啟程到另一個世界去
擁有比真錢還有價值的金錢——
真摯的情愛……
不過，在這世界要用現金!!
黑心

Q 請問沾在自己身上的屍臭味如何消除？

A

日本原來是個舉行土葬的國家，佛教傳來後，與火葬文化一起流傳下來。「神道」的家庭是土葬，「佛教」的家庭則是火葬，大致可這樣理解。不過，在明治時代，由於神道派的反對，政府明令禁止火葬，因此，到了昭和初期仍有很多地方未設有火葬場。直至最近，土葬仍與火葬持續並行。不過，土葬由於有場所及公眾衛生等問題，現在幾乎都是以火葬為主。此外，皇家的葬禮基本上土葬的慣例延續迄今，但最近似乎大多希望進行火葬。

我有一位老前輩已經80歲，仍在從事禮儀公司的工作，是一位有60年經驗的葬匠。他熟悉以前的喪禮如何進行，可聽到他講些非常珍貴的故事。在我生活的地方從昭和初期至中期大多舉行土葬。在一稱為「座棺」的大桶中，放入盤腿而坐的遺體。盤腿的遺體據說係用繩索繫著頭與腳，利用死後僵直，使身體無法伸直。在乾冰還未普及的時代，據說係用冰塊環繞著遺體，再納入棺中；又為消除屍臭味，需放入大量的茶葉。若是狀態很不好的遺體會快速腐爛，僅使用茶葉當然無法掩蓋臭味。據說這時必須焚燒大量的香味木料，以掩飾腐爛的屍臭。這是現在也經常使用的方法。順便一提，大量焚香到若連眼睛也會被燻得睜不開時，多少可掩蓋掉一些沾在身上的屍臭味。不過，屍臭味仍會吸附在毛髮及衣類上。欲除去附在身體上的腐臭味，除了洗澡外別無他法。

另外，被火燒死的屍體會有股香味、水流屍會有魚腥味，而腐爛的屍體臭味則是8月的臭水溝加上死去的小螯蝦、納豆、腐爛的蔥、腐敗的牛肉等合起來3倍的臭味。…這樣了解嗎？

第3章

僧侶如是說

法號的祕密

法號（戒名）的祕密
拜託某住持取一個法號（日本佛教家庭的送終商品）
法號拿到後發現，
亡故者是男性，卻取個女性的法號
〇〇〇〇信女
喪家主人
住持有認真思考過嗎!?
這弄錯了——
是男性才對！
這失禮失禮…
那這樣就OK吧
相同
男性用的就只更改這裡
〇〇〇〇信女
信士
這樣就要30萬日圓
所謂的法號是這樣取的？
「這樣就太過分了！」
請再麻煩一下
說了之後
那就再另外奉送
光滑…
取一個高一級的法號
〇〇〇〇信士
相同
〇〇〇〇居士
排名UP!
為表示道歉之意♡
所謂的法號是這樣取的？
對了，這是祕密，有的寺院是用個人電腦的軟體取法號
法號軟體製作
輕鬆♡
馬上可取
年輕的和尚大多如此…
所謂的法號是這樣取的？
啊，也有活著時自己取法號的人
寺廟會不高興吧，但…
〇〇△△居士
嗯嗯…
所謂的法號是這樣…

住持的祕密

住持的祕密♡
我們公司曾經介紹過的這名住持
我們雖是淨土宗，但也可介紹其他宗派
因為曾經這樣聽說過
知道貴寺與其他寺廟之間大多互有聯繫，這樣很方便
大往生
那是否可介紹日蓮宗呢？
啊 沒問題
翻
找
請看！
施主要舉辦日蓮宗的儀式嗎!?
日蓮宗的經本
宗教的便利商店♡
其他各宗派也一應俱全
真言宗 組合
曹洞宗 組合
臨濟宗
淨土真宗 組合
一如所料，我們停止與這座寺院的往來…
會影響公司的信用…
啊！請等一下
現在布施的50%實施現金回饋中♡
因為…
競相介紹嗎?!

Who's bad？

因暴力團對策法的施行，暴力團等的喪禮不得舉辦
已經接到警察的通知了
暴
也不可假藉奠儀的名義收取資金
舉辦喪禮的禮儀公司也會受罰
不過，黑道也是人子
仍想在死後可舉辦喪禮
不會再做壞事了……
趁機而入的宗教人士
可借給你們會場沒關係～
會場費200萬日圓如何？
不過，這附近的會場費其實是30萬日圓…
偷偷摸摸……
嘿嘿嘿…
到底哪個是黑道!?
另外，由我們公司舉辦時，並不舉辦「組葬」※
堅持原則……
只接受個人的「家族葬禮」
啊…鑽法律漏洞…
數百人的規模….
雖說是家族葬禮，但…
一長排…
老大!!
組長!!
這個嘛…確實是家族…
四海皆兄弟♡
盛大的…
盛大的

※盛大舉行組長、幹部級的喪葬儀式

教父

如今這時代，由黑道
轉換跑道當和尚的人並不多
哦，黑道的世界也不好混了～
外表OK
剃光頭ー
諸行無情
後事拜託了…
老大～
斷氣
人生經驗也很豐富
沉浸佛教
認真地
學佛
很熱中的樣子…
不，這只是表面嗎？
實際的情況又是如何呢!?
善與惡皆只一線之隔!?

前途茫茫？

以前曾有上班族出家而成為電視新聞的話題
A先生也是如此
溫文儒雅的好人
厭煩公司內的人際關係，於是遁入佛門，成為脫離上班族的僧侶
牢騷
牢騷
這也幫忙一下!!
因為佛教而得救了
但僧侶的世界正是
因為宗門派別關係
白癡!!
上
下
非常重視長幼順序、等級觀念
上下關係嚴明的世界
已經還俗的樣子…
壓力掉髮…？
哇ー
嗚嗚……
從出家變成離家出走

好心的和尚

喪家主人是一位年輕太太，先生英年早逝
留下兩個年紀還小的孩子
聽說喪家主人以誦經費10萬日圓供養和尚
在喪禮結束將要返家時，和尚說
這個請妳收下
日後若需要幫忙，請不用客氣
奠儀
信封內裝著10萬日圓!!
啊 啊啊……
這才是真正的和尚!!
未亡人與和尚之後續會如何才是我所關心的
嗚呼呼

壞心的和尚

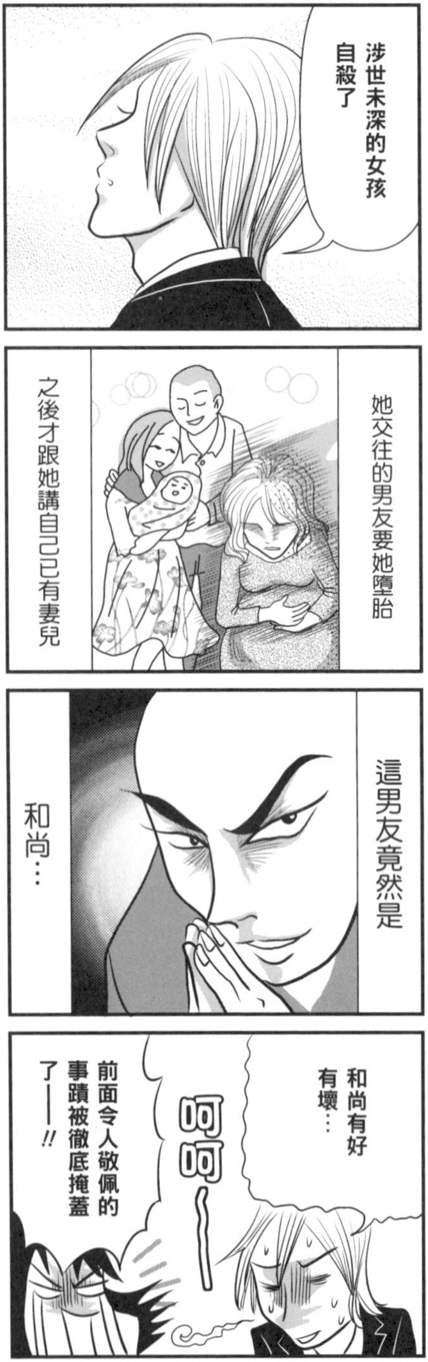

涉世未深的女孩自殺了
她交往的男友要她墮胎
之後才跟她講自己已有妻兒
這男友竟然是
和尚…
和尚有好有壞…
呵呵～
前面令人敬佩的事蹟被徹底掩蓋了——!!

看見佛

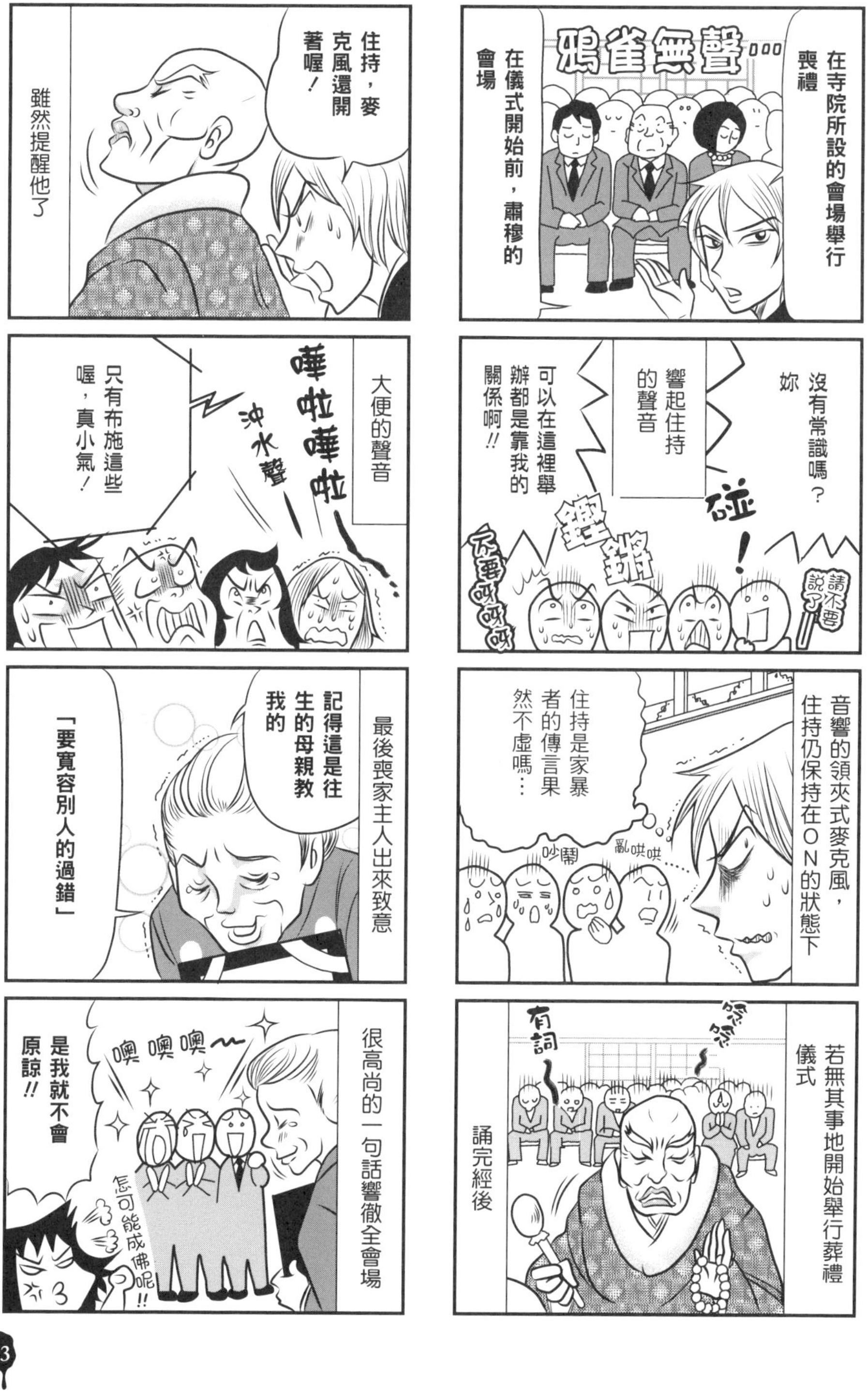
在寺院所設的會場舉行喪禮
鴉雀無聲…
在儀式開始前，肅穆的會場
沒有常識嗎？妳
響起住持的聲音
可以在這裡舉辦都是靠我的關係啊!!
碰!
鏗鏘
請不要說了
不要吵吵吵
音響的領夾式麥克風，住持仍保持在ON的狀態下
住持是家暴者的傳言果然不虛嗎…
吵鬧
亂哄哄
若無其事地開始舉行葬禮儀式
唸唸～
有詞～
誦完經後
住持，麥克風還開著喔！
雖然提醒他了
大便的聲音
嘩啦嘩啦
沖水聲
只有布施這些喔，真小氣！
最後喪家主人出來致意
記得這是往生的母親教我的
「要寬容別人的過錯」
很高尚的一句話響徹全會場
噢噢噢～～
是我就不會原諒!!
怎可能成佛呢!!

取法號要多少錢!?

從一位和尚那邊聽到的
取一個法號需要多少錢呢？
這個嘛，有各種等級~
最高的是100萬以上，像這個
○○院
地位
○○○○○○居士
大姉
雖然金錢也可買到，但需真正對寺院或社會有貢獻的人才能擁有
其次是這個
80~60万円
○○○○居士
大姉
40~30万円
○○○○信士
信女
20万円
故(自己姓名)之靈位
最便宜
暢銷的是這個
最便宜的是誦經
誦經需20萬日圓!?
出家吧…
電動髮剪器
是煩惱執迷不悟的心…
不過，法號這東西真的有需要嗎？
無法超生，這是威脅吧
嘖…嘖…
那個——
或許會認為被和尚全部賺走了
但是也需要治裝費!!
寺院的維持費、佛具費等都是從這裡開銷的
布施是全憑心意
心意喔心意♡
像死者靈位移到新居的保證金與感謝禮金也是心意嗎？

第4章

禮儀公司與禮儀師如是說【之二】

日益增加

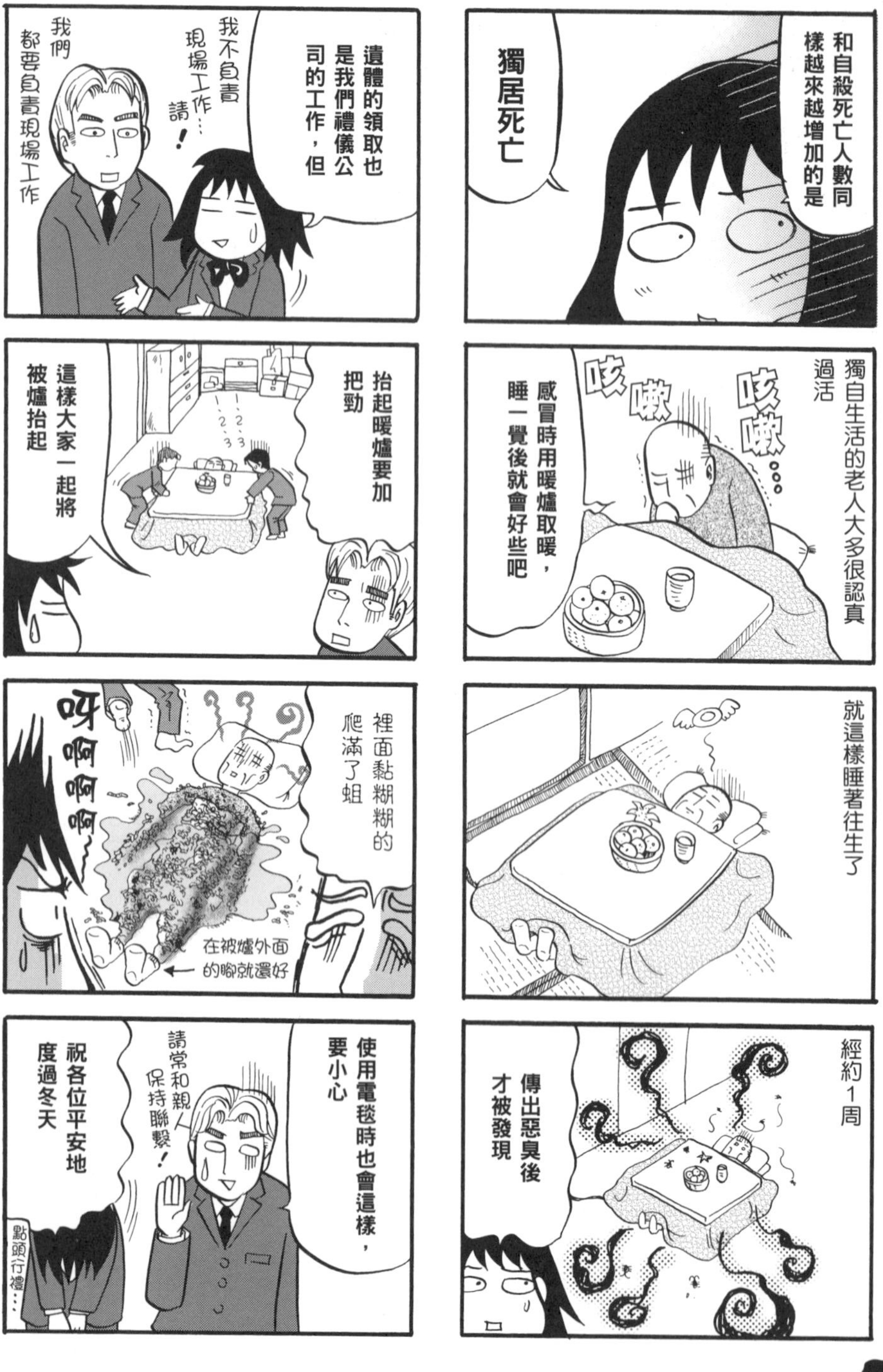
和自殺死亡人數同樣越來越增加的是
獨居死亡
獨自生活的老人大多很認真過活
咳嗽
咳嗽…
感冒時用暖爐取暖，睡一覺後就會好些吧
就這樣睡著往生了
經約1周
傳出惡臭後才被發現
遺體的領取也是我們禮儀公司的工作，但
我不負責現場工作…請！
我們都要負責現場工作
抬起暖爐要加把勁
1 2 3
1 2 3
這樣大家一起將被爐抬起
裡面黏糊糊的爬滿了蛆
呀啊啊啊
在被爐外面的腳就還好
使用電毯時也會這樣，要小心
請常和親人保持聯繫！
祝各位平安地度過冬天
點頭行禮…

投機取巧

不肖商人A
我們的會場可免費使用，很優惠喔
¥0
不過，在這祭拜場所
前往祭拜拈香的交通工具只有汽車——
停車場的停車費很貴
1小時 500日圓
這一帶通常是免費的
另外，休息室要收費
不過茶水可免費提供
哇哈哈哈……
退一步進二步♪
Onetwo— Onetwo—

變魔術

不肖商人B
宗教用具的價錢，外行人大概不知道
因此，這是——
供品一覽
・糕點 1萬日圓
・水果 1萬日圓
糕點1萬日圓沒人會買！
換寫成這樣
宗教供品一覽
・敬神佛的糕點 1萬日圓
・供果 1萬日圓
理解！
這有需要
宗教魔術
白木祭壇
哦 哦哦 哦哦～
選項
喪服
裝飾在遺體枕頭旁的小祭壇
另外收費！
好像千手觀音!?
好厲害——！

謎語唁電

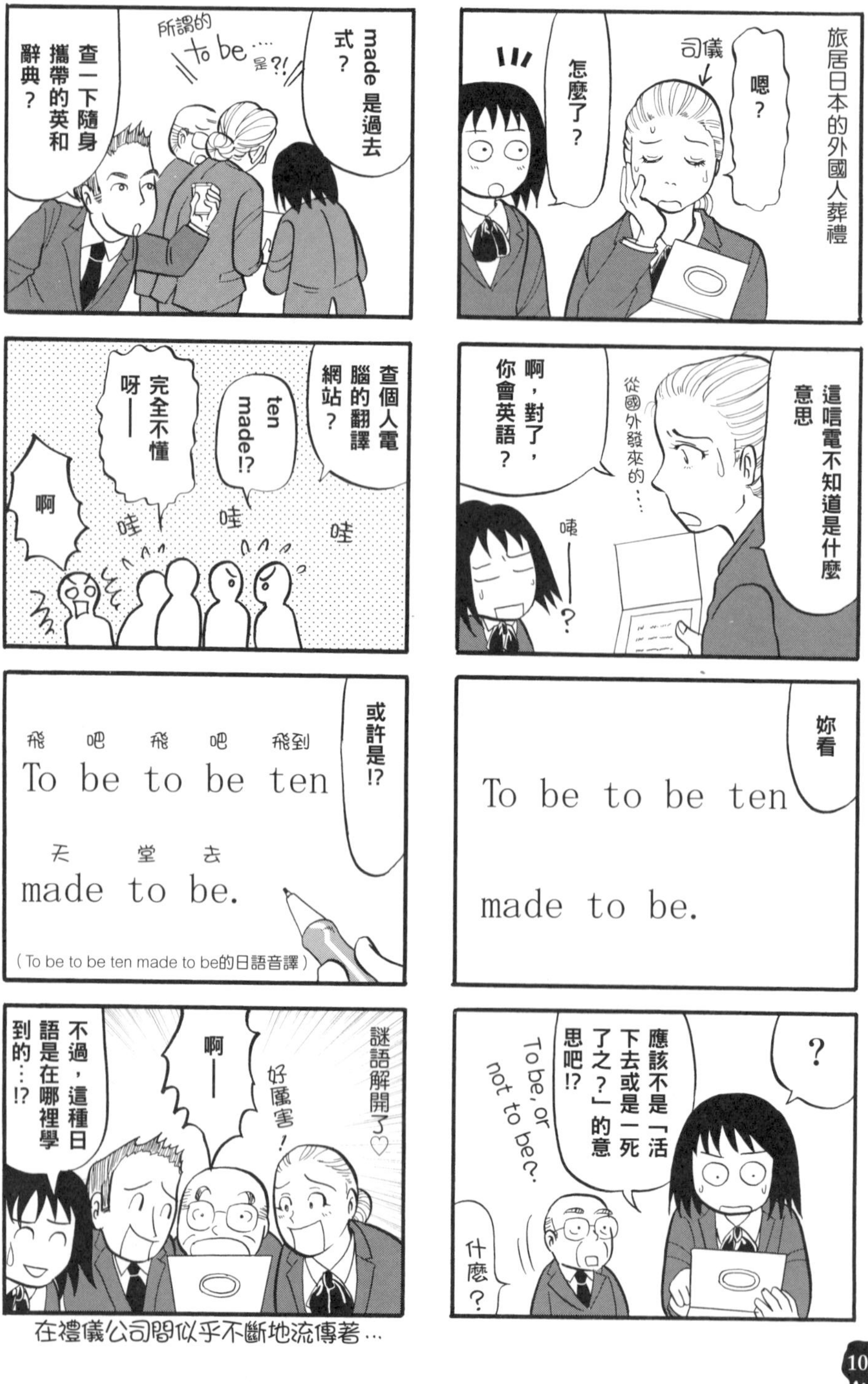

在禮儀公司間似乎不斷地流傳著…

巨無霸的亡者

本日的死者
巨無霸！
每位驗屍官
啊呀
禮儀公司的員工
全都大驚失色
Oh!
陰〇的長度
太平間
敗給他了……
男人為什麼都要用那個來決定勝負呢？
大事不好了，T字帶
什麼！
容納不下
像這樣↳
納棺師
這…這是死後僵直的關係嗎，還硬梆梆的!?
有到膝蓋那樣長嗎!?
不…沒那麼誇張…
啊
啊
很快地用毛巾補強T字帶
那根總算有了著落
←件
在死後讓傳說繼續流傳是男人的夢想哪…
或許還能畫成漫畫…
這樣好嗎!?

男人本色…

今天的驗屍官好像比較多～
坐立不安…
這樣想時，原來死者是寫真模特兒
啊～～ん♥
量取體溫
量取體溫就是量肛溫
喃喃自語
本日大優待
喔喔—喔喔～
噗味♥
絕…絕對比平常還要開!!
可…可以吧……
ごくり
喔喔喔…
驗屍攝影師今天也呈現興奮狀態
很明顯地一直猛按快門…
喀擦
喀擦
雖然大家都不發一語
但不知為何，心情都一樣
呼……
雖說紅顏薄命，但美人還是長命百歲比較好
否則…
會遭遇這種情形…

黑色陷阱

很多殯葬業者都會出入各大醫院
大醫院
F社
E社
D社
C社
B社
A社
各家公司為爭取辦理喪葬機會
經常展開遺體爭奪戰
使盡各種手段
與我們公司
哎呀
如果往生的話
很受歡迎
務必
往生者
巴結院長是理所當然的
不好啦—
有名酒
入手困難
A社
院長，這對大家都有利
什麼？
請
新車
救護車
完全是要
貢獻社會
そーか
請通通載送
到我們公司—♡
謝謝—
我們公司更厲害——
B社
以贈送的名義
增設太平間
醫院
一垂下釣絲，
魚就上鈎的狀態
哈—哈哈
夠清楚吧
像是某種陷阱
一進去就出不來
顧客是神佛☆
感恩~~

業務員以體力決定勝負

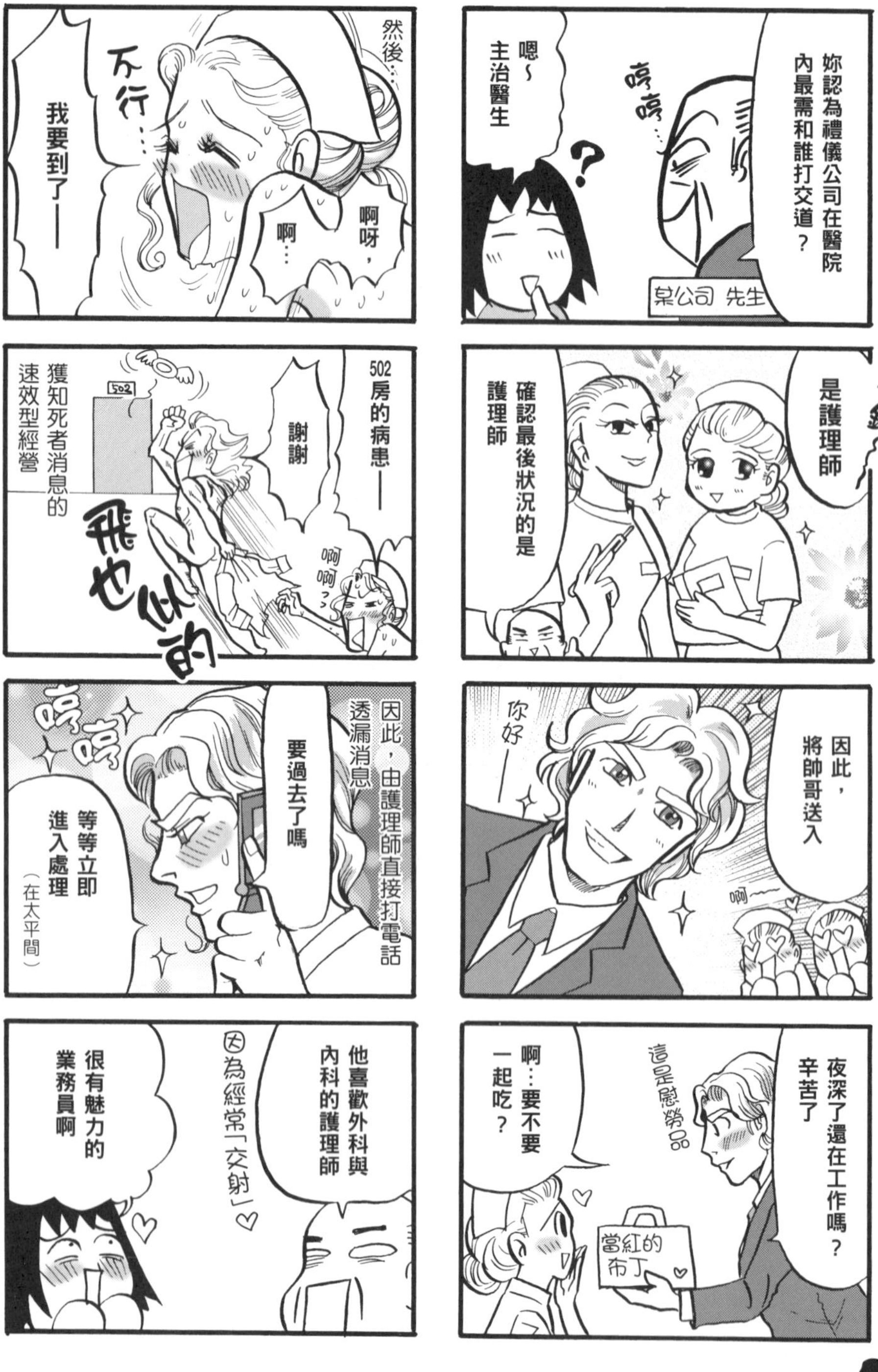

妳認為禮儀公司在醫院內最需和誰打交道？
哼哼……
嗯～主治醫生
？
某公司 先生
答錯～
是護理師
確認最後狀況的是護理師
因此，將帥哥送入
你好──
啊～
夜深了還在工作嗎？辛苦了
這是慰勞品
啊…要不要一起吃？
當紅的布丁
然後…
不行…
我要到了──
啊呀，
啊…
502房的病患──
謝謝
502
獲知死者消息的速效型經營
飛也似的
啊啊??
因此，由護理師直接打電話透漏消息
要過去了嗎
哼哼
等等立即進入處理
（在太平間）
他喜歡外科與內科的護理師
因為經常「交射」
很有魅力的業務員啊

聽說好吃

有嫌疑的遺體放在驗屍的解剖室
殺害等…
前往解剖室領取遺體
某公司F先生
那裡的醫生說
辛苦了
現在要去吃烤肉，一起去如何？
好啊
於是跟著他走
解剖室
這邊這邊
難道……
解剖室……!?
難道是在這…
浸泡福馬林…
你已經看慣屍體了，沒問題吧？
肉
在石棉鐵網上
酒精燈
豬肉的燒烤味道
很像被火燒死的屍體氣味
解剖開來，動物的肉與人肉
你看！烤好了～♡
沒有兩樣♡
失…失禮了
哎呀──？
那間解剖室經常在烤肉…烤的是什麼肉呢…？
衝──
咦──
滿滿的

吃飯中請勿閱讀

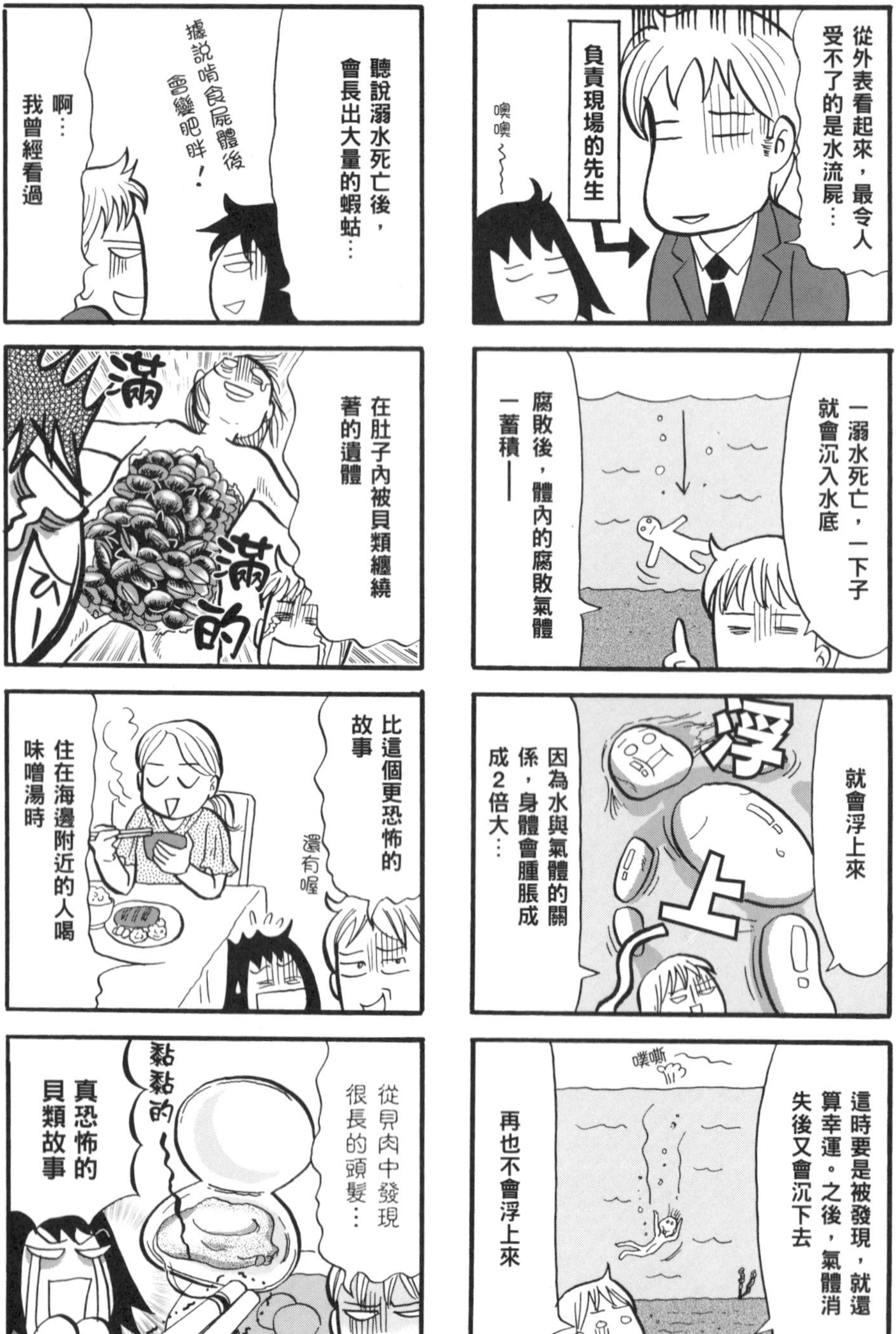

從外表看起來，最令人受不了的是水流屍…
負責現場的先生
嗅嗅~~
聽說溺水死亡後，會長出大量的蝦蛄…
據說啃食屍體後會變肥胖！
啊…我曾經看過
一溺水死亡，一下子就會沉入水底
腐敗後，體內的腐敗氣體一蓄積——
在肚子內被貝類纏繞著的遺體
滿滿的
就會浮上來
浮上
因為水與氣體的關係，身體會腫脹成成2倍大…
比這個更恐怖的故事
還有喔
住在海邊附近的人喝味噌湯時
這時要是被發現，就還算幸運。之後，氣體消失後又會沉下去
噗嘶
再也不會浮上來
從貝肉中發現很長的頭髮…
黏黏的~
真恐怖的貝類故事

Q 最近傳聞獨居死亡者日益增加，有何特徵呢？

A

所謂的獨居死亡就是在無人看護下死亡之意。其特徵以獨居老人居多，男性又比女性多。此外，年收入愈少的家庭，獨居死亡的機率就愈高，實際上，我所處理的孤獨死亡的亡者中，約有八成是住在公營住宅的獨居高齡者。

在老人與老人互相照顧的家庭中，其中一位先走時，另一位老人可協助辦理喪禮的案例也很常見。若只剩1位老人時，孤獨死亡的風險就會變得相當高。

因而被安排進入老人療養院，或由孩子接走奉養就沒問題，但很多老人自認一個人還能過活，不願意麻煩孩子，這種情形也相當多。

不過，死神會某天在意想不到的時候突然到訪。在上廁所時、在更衣室更衣時、吃過飯後…。是血壓的起伏變化造成的禍端嗎？在求救的瞬間就猝死了。

下表為東京23區孤獨死亡者的概要。孤獨死亡的死因排名第一是循環器官的疾病，這主要是心臟疾病或腦血管疾病等的病因。經現場確認大多是死於急性冠狀動脈症候群。

表1　孤獨死亡的死因概要

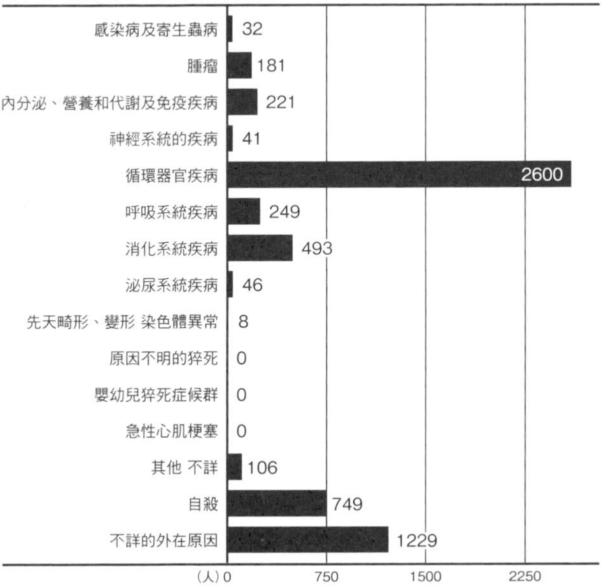
感染病及寄生蟲病 32
腫瘤 181
內分泌、營養和代謝及免疫疾病 221
神經系統的疾病 41
循環器官疾病 2600
呼吸系統疾病 249
消化系統疾病 493
泌尿系統疾病 46
先天畸形、變形 染色體異常 8
原因不明的猝死 0
嬰幼兒猝死症候群 0
急性心肌梗塞 0
其他 不詳 106
自殺 749
不詳的外在原因 1229
(人) 0
750
1500
2250

（筆者參考東京都福祉保健局 監察醫務院 2014年度統計獨居生活者的死因編製而成）

其次是不詳的外在原因造成的死亡，因處於腐敗中的遺體無法特定其死亡原因。

再其次依序是自殺、消化系統疾病及肝硬化等。

表2　東京23區孤獨死亡發現者 2013年度

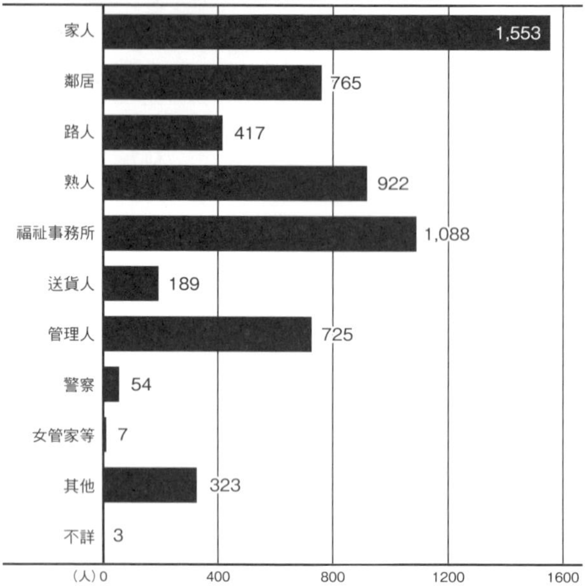
家人 1,553
鄰居 765
路人 417
熟人 922
福祉事務所 1,088
送貨人 189
管理人 725
警察 54
女管家等 7
其他 323
不詳 3
(人) 0
400
800
1200
1600

（筆者參考東京都福祉保健局 監察醫務院 2014年度統計獨居生活者的死因編製而成）

孤獨死亡並不僅限於老年人的問題，特別是自殺而死的孤獨死亡，以居住在都市的年輕人居多。像這種在無數人生活的都會中也會有孤獨死亡這種事情真是諷刺，其背後令人更加感到陰暗的一面。

再進一步追究獲知，孤獨死亡發現得太晚可說也是特徵之一。

上方的圖表是孤獨死亡發現者的概要。比起家人，由其他人發現的總數來得更多，這是孤獨死亡的特徵。很晚才被發現的遺體，依季節不同，有時遺體會迅速腐爛。如此的話會造成居住管理者的負擔、鄰居感到惡臭，甚至產生害蟲影響健康，對公共衛生造成重大影響。因此，最近專門清掃這類房屋的特殊清潔公司也逐漸增加。

現代人價值觀改變，不婚的單身族已很普遍。年輕人總有一天也會變老，可說是孤獨死亡的預備部隊。有人每天都在SNS上炫耀自己一副人生勝利組的模樣，但最近不知何故突然不更新了…，才這樣想時，沒料到竟然已孤獨死亡—我覺得這樣的一天應該也為時不遠了。

奇臭無比

從沉入海底的汽車中發現自殺的遺體
我是禮儀師nontan
費了一番功夫處理後，隔天
膨脹～～
因為腐敗氣體的關係…
奇臭無比!!
按壓遺體的腹部
咳咳
咳咳
從嘴巴溢出海水與體液
眼球突出
噗噗…
噗噗噗噗…
從嘴巴與鼻子冒出血泡
出殯時，和尚急忙蓋上棺蓋
儘快燒成灰，讓他早日超生！
叭噠
這麼悽慘的死狀…
祈求成佛！

禮儀公司不為人知的絕招

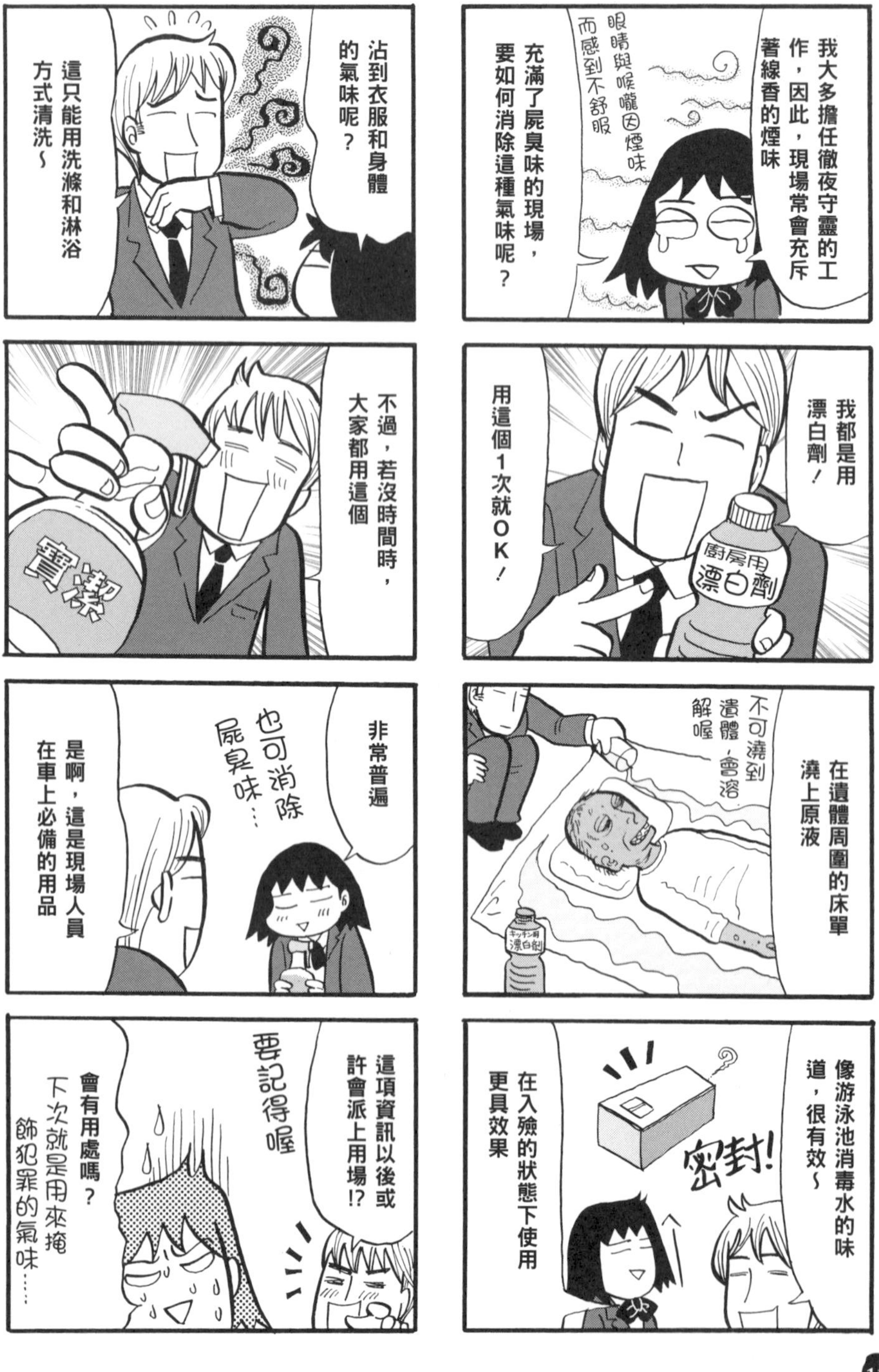
我大多擔任徹夜守靈的工作，因此，現場常會充斥著線香的煙味
眼睛與喉嚨因煙味而感到不舒服
充滿了屍臭味的現場，要如何消除這種氣味呢？
我都是用漂白劑！
用這個1次就OK！
廚房用漂白劑
在遺體周圍的床單澆上原液
不可澆到遺體，會溶解喔
キッチン用漂白劑
像游泳池消毒水的味道，很有效～
在入殮的狀態下使用更具效果
密封！
沾到衣服和身體的氣味呢？
這只能用洗滌和淋浴方式清洗～
不過，若沒時間時，大家都用這個
實潔
非常普遍
也可消除屍臭味…
是啊，這是現場人員在車上必備的用品
這項資訊以後或許會派上用場!?
要記得喔
會有用處嗎？
下次就是用來掩飾犯罪的氣味……

不管怎麼做都一樣…

這是我第1次值班時發生的事…
趁現在有空先吃飯
是
工作隨時會進來
依他所說，吃完便當後，電話就進來了
在山中上吊，已經死了7天以上
嗚嗚…
前往警局領取屍體時
遺體安置所
臭不可聞
與死者相對
覆蓋著塵土，一片死白
用手將塵土拂去時
全部
呀啊啊
蛆
全部的人背對著
嘔—
嘔—
不過…
好在吃過飯了…
若是之後才吃，白飯看起來會都像蛆一樣就吃不下了
吐出來也一樣像蛆吧？
咦？
哈哈哈—

達人技巧（1）

從同事那裡聽到的
登場！
我們公司有一位達人！
什麼樣的達人呢
啊，這樣舌頭無法收回去
沒問題
摺疊舌頭達人！
凸起
捏
凹下
壓！
好厲害!!
收進去了！
合起來
不能對家屬明講的達人技巧!!
嘴巴緊緊閉上

這也是制服萌？

新人M小姐進入公司的動機是
喜歡和尚
袈裟萌～
光頭仔
我喜歡看誦經中和尚嚴肅的臉孔與平常臉孔的差異～
是這樣喔…
她讓和尚掉入陷阱的物品是
安全別針!!
？
為什麼？
據說和尚的袈裟經常會有裂縫…
請用
藉機靠近♡
啊，很有幫助
也要注意安全期喔
也許我太婆婆媽媽了…

來自何處？

受警察署委託運送遺體
POLIC
警視廳
返回公司清掃車內時，發現一隻
螃蟹？
咖撒
撒撒……
將螃蟹放生到停車場的樹叢
好傢伙——這地方竟會有螃蟹!!
帶回去飼養——!!
剛好被路過的小朋友撿走了
那隻螃蟹是從哪裡來的呢？
那麼……
難道是從你運送的水流屍……!?

名牌會哭泣

從同事的太太那邊聽到的故事
只有你我之間知道……
我家老公喜歡名牌
鞋子也是
名牌齊全…
閃亮
擠得滿滿
蛆
就跟你說要到現場時不要穿名牌皮鞋了~~
呀啊啊~
掉落
紛紛
這就是所謂的名牌會哭泣嗎!?
喔啊啊~

禮儀公司的冷知識

前輩告訴我的
冷知識
為保存死亡者的狀態，將乾冰放入棺中
乾冰
請將乾冰弄成粉末狀
乾冰
為什麼？
乾冰可殺死蛆
乾冰
活著
死掉
活著
不過，這些蛆太頑強了，只在乾冰的正下方才有效
將乾冰遍灑在整個遺體上
撒撒—
否則——
靈車
蛆
蛆
蛆
ヒィィ
都是蛆
連忙封閉裝屍袋，裝入棺內
將結實的乾冰放入棺中
完美
這個冷知識希望對你們有些幫助
鞠躬
我不知道……
希望好孩子不需用到這項冷知識…

男子漢氣概

以前曾處理過一位老婆婆的遺體
她是在浴室泡澡時死亡的
水聲
浴缸中冷掉的水被重新加熱…
滾燙…
滾燙
宛如
燉煮～
一拉手腕，肌肉整個滑落下來
要用抱的
拜託♡
這時
我的天使啊♡
水聲
抱起公主♡
啊♡
因為我們是專業人員，可細心處理
若無其事
認真工作的男人背影真帥♡
浴缸中浮滿著油脂
浮出
人體竟然會有這麼多油！
白袍及襯衫全都弄髒了
呀
只有背影還可以！

悄悄追加

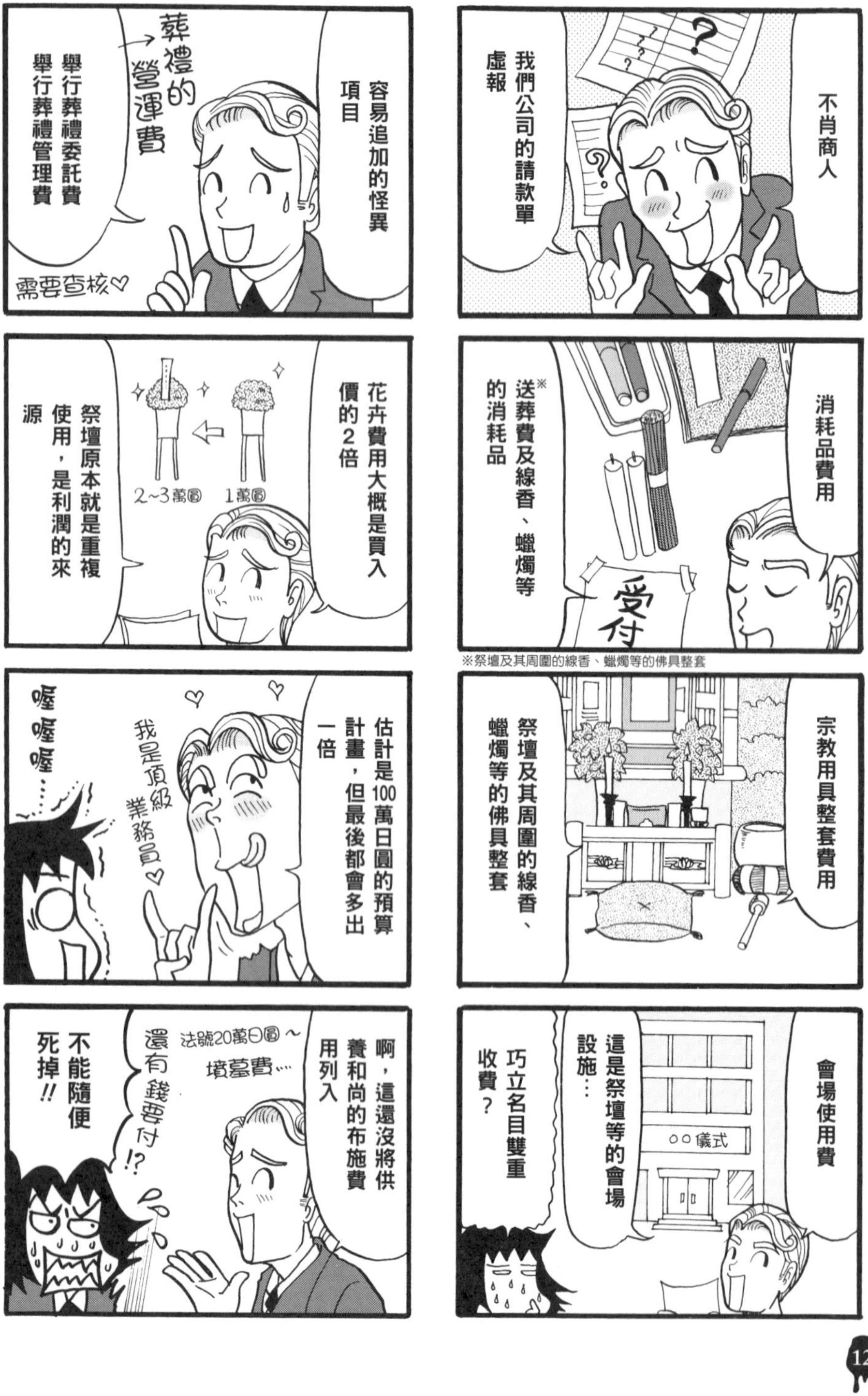

不肖商人
我們公司的請款單虛報
消耗品費用
※送葬費及線香、蠟燭等的消耗品
受付
宗教用具整套費用
祭壇及其周圍的線香、蠟燭等的佛具整套
會場使用費
〇〇儀式
這是祭壇等的會場設施……
巧立名目雙重收費？
容易追加的怪異項目
舉行葬禮委託費
舉行葬禮管理費
葬禮的營運費
需要查核♡
花卉費用大概是買入價的2倍
1萬圓
2~3萬圓
祭壇原本就是重複使用，是利潤的來源
估計是100萬日圓的預算計畫，但最後都會多出一倍
我是頂級業務員♡
喔喔喔……
啊，這還沒將供養和尚的布施費用列入
法號20萬日圓～
墳墓費…
還有錢要付!?
不能隨便死掉!!

※祭壇及其周圍的線香、蠟燭等的佛具整套

有夠恐怖！

前往火葬場時發生的事
嗯嗯…
在火葬場後面進行火化
辛苦了
喲！
火葬操作員正在仔細檢查
要看嗎？
轟轟轟
有的火葬場會讓禮儀公司人員觀看
喔喔～…
轟轟轟
一看
碰
突然
哇！棺材的蓋子開啟
裡面正在燃燒的
遺體!!
像乾魷魚般
咻咻咻咻
捲縮起來
一火化，肌肉及皮膚捲起，就會變成這樣
不想看了……
供品用烤魷魚可以嗎？

或許是最後一天…？

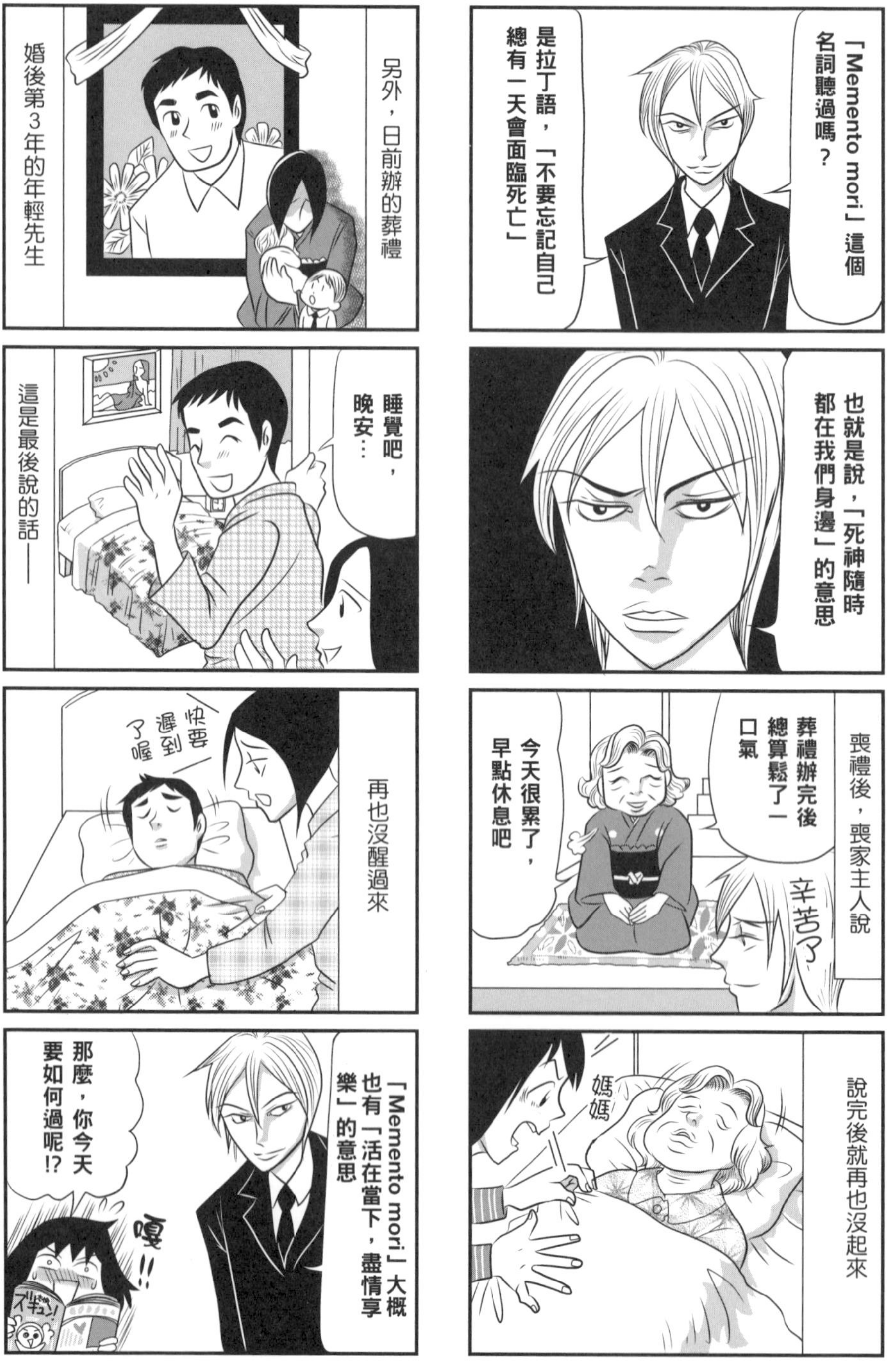

「Memento mori」這個名詞聽過嗎？
是拉丁語，「不要忘記自己總有一天會面臨死亡」
也就是說，「死神隨時都在我們身邊」的意思
喪禮後，喪家主人說
葬禮辦完後總算鬆了一口氣
今天很累了，早點休息吧
辛苦了
說完後就再也沒起來
媽媽
另外，日前辦的葬禮
婚後第3年的年輕先生
睡覺吧，晚安…
這是最後說的話——
快要遲到了喔
再也沒醒過來
「Memento mori」大概也有「活在當下，盡情享樂」的意思
那麼，你今天要如何過呢!?
嘎!!

感謝閱讀本書。

讀者看完本書後，
若能多少感受到葬禮現場工作人員付出的血汗與淚水，深感萬幸。

提供材料的禮儀師nontan，
與對著不停哭泣的我給予鼓勵的負責人山川先生，
若沒有這兩位先生的鼎力支持，這本書就無法順利出版。

謹致上謝意。

對於可活在這世間的每一天，心中充滿感恩，
並祝福各位每天都健康、平安！

緒方千惠

TITLE

禮儀師的黑色幽默日常

STAFF

出版	三悅文化圖書事業有限公司
作者	緒方千恵
譯者	余明村
總編輯	郭湘齡
責任編輯	黃思婷
文字編輯	黃美玉　莊薇熙
美術編輯	朱哲宏
排版	執筆者設計工作室
製版	大亞彩色印刷製版股份有限公司
印刷	桂林彩色印刷股份有限公司 紘億彩色印刷有限公司
法律顧問	經兆國際法律事務所　黃沛聲律師
代理發行	瑞昇文化事業股份有限公司
地址	新北市中和區景平路464巷2弄1-4號
電話	(02)2945-3191
傳真	(02)2945-3190
網址	www.rising-books.com.tw
e-Mail	resing@ms34.hinet.net
劃撥帳號	19598343
戶名	瑞昇文化事業股份有限公司
初版日期	2017年5月
定價	280元

國家圖書館出版品預行編目資料

禮儀師的黑色幽默日常/
緒方千惠作；余明村譯.
-- 初版. -- 新北市：三悅文化圖書,
2017.05
128　面；14.8 x 21　公分
ISBN 978-986-94155-5-2(平裝)

1.殯葬業 2.漫畫

489.66　　106004945